□□□□□□□□□□□□□□□□□□□□□□□□

汾西县
耕地地力评价与利用

张藕珠　主编

中国农业出版社

本书是对山西省汾西县耕地地力调查与评价成果的集中反映。是在充分应用"3S"技术进行耕地地力调查并应用模糊数学方法进行成果评价的基础上，首次对汾西县耕地资源历史、现状及问题进行了分析、探讨，并应用大量调查分析数据对汾西县耕地地力、中低产田地力、耕地环境质量和果园状况等做了深入细致的分析。本书揭示了汾西县耕地资源的本质及目前存在的问题，提出了耕地资源合理改良利用意见，为各级农业决策者制订农业发展规划，调整农业产业结构，加快绿色、无公害农产品基地建设步伐，保证粮食生产安全，科学施肥，退耕还林还草，进行节水农业、生态农业以及农业现代化、信息化建设提供了科学依据。

本书共七章。第一章：自然与农业生产概况；第二章：耕地地力评价的内容与方法；第三章：耕地土壤属性；第四章：耕地地力评价；第五章：中低产田类型分布及改良利用；第六章：耕地地力评价与测土配方施肥；第七章：耕地地力调查与质量评价的应用研究。

本书适宜农业、土肥科技工作者及从事农业技术推广与农业生产管理的人员阅读。

编 写 人 员 名 单

主　　编：张藕珠

副 主 编：侯建中　赵志红　李连科

编写人员（按姓名笔画排序）：

王玉龙	王华斌	王晓丽	王雪梅
任文英	李爱莉	张　凯	张三保
张立军	张克仁	陈玉梅	陈爱芹
孟丽红	赵子龙	荀富平	段红羽
贾小文	郭文敏	郭东学	郭海花
席延泽	逯百胜	薛金玉	薛徐柱

序

　　农业是国民经济的基础，农业发展是国计民生的大事。为适应我国农业发展的需要，确保粮食安全和增强我国农产品竞争的能力，促进农业结构战略性调整和优质、高产、高效、生态农业的发展，针对当前我国耕地土壤存在的突出问题，2009 年在农业部精心组织和部署下，汾西县成为第四批测土配方施肥县。根据《全国测土配方施肥技术规范》积极开展测土配方施肥工作，同时认真实施耕地地力调查与评价。在山西省土壤肥料工作站、山西农业大学资源环境学院、临汾市土壤肥料工作站、汾西县农业委员会广大科技人员的共同努力下，2012 年完成了汾西县耕地地力调查与评价工作。通过耕地地力调查与评价工作的开展，摸清了汾西县耕地地力状况，查清了影响当地农业生产持续发展的主要制约因素，建立了汾西县耕地地力评价体系，提出了汾西县耕地资源合理配置及耕地适宜种植、科学施肥及土壤退化修复的意见和方法，初步构建了汾西县耕地资源信息管理系统。这些成果为全面提高汾西县农业生产水平，实现耕地质量计算机动态监控管理，适时提供辖区内各个耕地基础管理单元土、水、肥、气、热状况及调节措施提供了基础数据平台和管理依据。同时，也为各级农业决策者制订农业发展规划，调整农业产业结构，加快绿色食品基地建设步伐，保证粮食生产安全以及促进农业现代化建设提供了第一手资料和最直接的科学依据，也为今后大面积开展耕地地力调查与评价工作，实施耕地综合生产能力建设，发展旱作节水农业、测土配方施肥及其他农业新技术普及工作提供了技术支撑。

　　《汾西县耕地地力评价与利用》一书，系统地介绍了耕地资源评价的方法与内容，应用大量的调查分析资料，分析研究了汾西县耕地资源的利用现状及问题，提出了合理利用的对策和建议。该书集理论指导性和实际应用性为一体，是一本值得推荐的实用技术读物。我相信，该书的出版将对汾西县耕地的培肥和保养、耕地资源的合理配置、农业结构调整及提高农业综合生产能力起到积极的促进作用。

2013 年 5 月

　　耕地是人类获取粮食及其他农产品最重要、不可替代、不可再生的资源，是人类赖以生存和发展的最基本的物质基础，是农业发展必不可少的根本保障。新中国成立以来，山西省汾西县先后开展了两次土壤普查。两次土壤普查工作的开展，为汾西县国土资源的综合利用、施肥制度改革、粮食生产安全做出了重大贡献。近年来，随着农村经济体制的改革以及人口、资源、环境与经济发展矛盾的日益突出，农业种植结构、耕作制度、作物品种、产量水平，肥料、农药使用等方面均发生了巨大变化，产生了诸多如耕地数量锐减、土壤退化污染、水土流失等问题。针对这些问题，开展耕地地力评价工作是非常及时、必要和有意义的。特别是对耕地资源合理配置、农业结构调整、保证粮食生产安全、实现农业可持续发展有着非常重要的意义。

　　汾西县耕地地力评价工作，于 2010 年 6 月底开始至 2012 年 12 月结束，完成了汾西县 5 镇、3 乡、120 个行政村的 39.2 万亩耕地的调查与评价任务，3 年共采集土样 3 200 个，并调查访问了 400 个农户的农业生产、土壤生产性能、农田施肥水平等情况；认真填写了采样地块登记表和农户调查表，完成了 3 200 个样品常规化验、中微量元素分析化验、数据分析和收集数据的计算机录入工作；基本查清了汾西县耕地地力、土壤养分、土壤障碍因素状况，划定了汾西县农产品种植区域；建立了较为完善的、可操作性强的、科技含量高的汾西县耕地地力评价体系，并充分应用 GIS、GPS 技术初步构筑了汾西县耕地资源信息管理系统；提出了汾西县耕地保护、地力培肥、耕地适宜种植、科学施肥及土壤退化修复办法等；形成了具有生产指导意义的数字化成果图。收集资料之广泛、调查数据之系统、内容之全面是前所未有的。这些成果为全面提高农业工作的管理水平，实现耕地质量计算机动态监控管理，适时提供辖区内各个耕地基础管理单元土、水、肥、气、热状况及调节措施提供了基础数据平台和管理依据。同时，也为各级农业决策者制订农业发展规划，调整农业产业结构，加快绿色食品基地建设步伐，保证粮食生产安全，进行耕地资源合理改良利用，科学施肥以及退耕还林还草、节水农业、生态农业、农业现代化建设提供了第一手资料和最直接的科学依据。

为了将调查与评价成果尽快应用于农业生产，在全面总结汾西县耕地地力评价成果的基础上，引用大量成果应用实例和第二次土壤普查、土地详查有关资料，编写了《汾西县耕地地力评价与利用》一书。首次比较全面系统地阐述了汾西县耕地资源类型、分布、地理与质量基础、利用状况、改善措施等，并将近年来农业推广工作中的大量成果资料录入其中，从而增加了该书的可读性和可操作性。

在本书编写的过程中，承蒙山西省省土壤肥料工作站、山西农业大学资源环境学院、临汾市土壤肥料工作站、汾西县农业委员会广大技术人员的热忱帮助和支持，特别是汾西县农业委员会的工作人员在土样采集、农户调查、数据库建设等方面做了大量的工作。张克仁、郭东学安排部署了本书的编写，由薛徐柱、薛金玉、郭文敏完成编写工作；参与野外调查和数据处理的工作人员有侯建中、李爱莉、荀富平、逯百胜、张凯、孟丽红、陈爱芹、贾小文、王玉龙、郭小兵；土样分析化验工作由临汾市土壤肥料工作站检测中心协助完成，图形矢量化、土壤养分图、数据库和地力评价工作由山西农业大学资源环境学院和山西省土壤肥料工作站完成；野外调查、室内数据汇总、图文资料收集和文字编写工作由汾西县农业委员会完成，在此一并致谢。

编　者

2013 年 5 月

目 录

序
前言

第一章 自然与农业生产概况

第一节 自然概况

一、地理位置与行政区划

汾西县位于山西省中南部偏南，吕梁山支脉姑射山北段东侧，因地处汾河以西，故名汾西。北连交口、灵石县，南接洪洞县，西依姑射山且与隰县、蒲县接壤，东毗邻汾河与霍州相望。全县土地总面积 879.68 平方千米（131.95 万亩①），地理坐标位于北纬36°27′66″～36°48′13″，东经 111°13′22″～111°40′43″，东西长 41 千米，南北宽 39 千米，地势由西北向东南递降。西北最高为姑射山，海拔为 1 890.8 米；东南部最低为团柏河谷，海拔为 550 米，相差 1 340.8 米。境内绝大部地区海拔为 800～1 000 米，为高低山丘陵区。

截至 2012 年，汾西县辖 5 镇 3 乡 1 个社区，120 个行政村，总人口 14.63 万人，其中农业人口 12.72 万人，占总人口的 87%。汾西县乡（镇）情况见表 1-1。

表 1-1 汾西县乡（镇）行政区划与人口情况（2012 年）

乡（镇）	行政村数（个）	自然村数（个）	农业人口（人）
永安镇	27	81	25 841
僧念镇	13	50	17 719
对竹镇	16	63	14 159
和平镇	13	34	15 311
勍香镇	18	61	18 393
团柏乡	12	52	12 896
佃坪乡	14	62	13 748
邢家要乡	7	43	9 213
总　计	120	446	127 280

二、土地资源概况

汾西县总土地面积 1 319 517.9 亩，其中，农业用地 648 551.4 亩，占总面积的49.1%；桑果用地 6 521.85 亩，占总面积的 0.5%；林业用地 275 308.8 亩，占总面积的20.9%；人工草地和天然牧坡 162 575.1 亩，占总面积的 12.3%；荒山荒坡 130 694.4

---

① 亩为非法定计量单位，1 亩=1/15 公顷。——编者注

亩，占总面积的 10%；难利用土地 51 088.65 亩，占总面积的 3.9%；其他用地（居民、交通、工矿、城市）44 777.7 亩，占总面积的 3.3%。

汾西县的地貌大致为：地形西北高，东南低。由于地壳不断抬升，流水不断侵蚀，境内切割严重，连绵起伏，沟壑纵横。土地支离破碎。根据地貌形态特征和地标物质组成不同，分为山地、黄土丘陵、河谷 3 个地貌类型。

三、自然气候与水文地质

（一）气候

汾西县属暖温带大陆性气候。春季干旱多风，夏季炎热多雨，秋季气候湿冷，冬季干燥寒冷，四季分明。

1. 气温 年平均气温 10.1℃，1 月最冷，平均气温−4.5℃，极端最低气温−19.2℃（1984 年 12 月 24 日）；7 月最热，平均气温为 22.4℃，极端最高气温为 36.3℃（1987 年 7 月 30 日）。极端最低气温−19.2℃（1980 年 1 月 30 日）。

2. 地温 随着气温的变化，土壤温度也发生相应变化。20 厘米深年平均地温为 11.7℃，略高于气温，7 月最高为 23.4℃，1 月最低为−3.0℃。通常 12 月开始封冻，2 月解冻，极端冻土深度为 79 厘米。

3. 日照 年平均日照时数为 2 614.5 小时，日照百分率为 59%。全年太阳总辐射量为 544.07 千焦/平方厘米，其中 6 月辐射量最大为 66.53 千焦/平方厘米，12 月辐射量最小为 27.67 千焦/平方厘米。

4. 降水量 年平均降水量为 571.1 毫米，降水一般集中在 6 月、7 月、8 月这 3 个月，占全年降水量的 61.5%，而冬季 12 月至翌年 2 月的降水只占全年降水 4.0%。

5. 蒸发量 年平均蒸发量为 1 886.6 毫米，是年降水量的 3.3 倍。5 月、6 月蒸发量最大，为 304.8～315.2 毫米，1～2 月最小，为 49.6～52.1 毫米。降水少、蒸发大，是造成汾西县十年九旱气候特点的重要原因。

（二）成土母质

母质是土壤形成的物质基础。土壤的机械组成、矿物和化学成分与母质的性质之间存在着"血缘"关系。汾西县土地母质类型可归纳为三大类型。

1. 残积、坡积物 汾西县残积母质和坡积母质有石灰岩、砂页岩两种类型。

石灰岩分布在它支村以西一带山地。风化后多为碎屑，形成土地浅薄，颜色较浅，质地细而黏，pH 较高，石灰反应强烈。

砂页岩主要分布在佃坪乡、邢家要乡一带。土层浅薄。但在任何情况下，都有沙粒存在，甚至有小沙石，pH 较低，形成土粒多为粗骨性褐土。

2. 黄土、红黄土及红土 黄土母质是汾西县的主要成土母质。马兰黄土遍布于全县的丘陵、垣地。其特点是土体深厚，疏松多孔，质地均一，垂直节理发育，富含碳酸钙，微碱性反应，石灰反应强烈。多形成山地褐土，褐土性土和碳酸盐褐土。

红黄土主要分布于侵蚀较重的沟壑坡地，其特点是颜色红黄，质地均匀，有多种红色条带，并含有姜石。因此，也称红黄土母质。发育形成红黄土质褐土性土和红黄土质山地褐土。

红土，主要分布在麻姑头村、佃坪乡、邢家要乡一带，特点是颜色暗红，无石灰反应，土层深厚，质地黏重，有铁锰胶膜，耕性较差，形成山地褐土。

3. 冲积物和洪积物　冲积物和洪积物主要分布于团柏河、勋香河及对竹河沿岸及山谷出口处，是形成草甸土的主要母质。冲积物是由河水流动过程中夹带的泥沙沉积而成，其特点是具有明显的层理，成分复杂，矿物质种类多，营养元素较为丰富。如耕种浅色草甸土就是这种母质发育而成的。

洪积物分布在沟谷地，特点是泥沙混合堆积，土体没有明显的发育层次，并含有少量砾石，在洪积物上形成的沟淤土是汾西县重要的农业土壤。

（三）自然植被

汾西县自然植被稀少，而且分布不均，山区较多，垣面极少，主要集中在县境内西北海拔为 1 600 米以上山区。山地植被主要有油松、栎类、山杨等乔木；灌木有酸枣、野刺玫、荆条、连翘等。丘陵、河谷地区属草灌植物混合地带，农业垦殖系数较高，天然植被稀少。在地埂、垄堰、路边生长着白羊草、羽茅、苦苦菜、蒲公英多类植物。农作物有小麦、玉米、谷子、豆类、薯类等。此区侵蚀较重，土层干旱缺水，系干旱主要农业土地。

第二节　农业概况

一、农业发展历史及现状

汾西农业生产有着悠久的历史。据《县志》记载，早在石器时代已有人类繁衍生息，从事生产活动。现在耕种土地就是勤劳智慧的汾西人民开垦、改良培肥利用的结晶。历代劳动人民在同自然做斗争的过程中，修筑田地、增施肥料、发展灌溉等，使土壤物理化学物质、肥力特征发生了巨大的变化。由于历史条件限制，农业发展速度发展十分缓慢。

新中国成立后，在中共中央和国务院的领导、关怀下，广大人民积极开展以治山治水为中心的农田基础建设，把土地资源合理开发、培肥改良和利用推向一个新阶段。汾西县的领导全面总结旱作农业的传统经验，把打坝造地作为全县水土保持、农田水利基本建设、农业增产增收的主要措施来抓。建造了大面积耕种沟淤褐土性土、耕种洪积褐土性土和耕种灌淤碳酸盐褐土，大规模地开发建设沟坝地收到了可观的生态效益和经济效益，为汾西农业发展奠定了基础。与此同时，土壤耕作也发生了很大变化，由过去传统木犁向机械化过渡，加厚了土壤活土层，极大地改善了土壤物理化学性质，增强了土壤蓄水保墒能力。2000 年以后，随着中央 1 号文件的出台和一系列支农惠农政策的落实，农业发展迎来新的春天，农业科技广泛推广，农田基础设施不断加强，农民科技素质普遍提高。全县农业进入了由传统农业向现代农业转变的新阶段。

2012 年年底，全县农村劳动力总数 67 000 人，具有初中以上文化程度 41 000 人，占农村劳动力总数的 61%；农作物优种面积 31 万亩，占农作物面积的 89%；地膜覆盖 5 万亩，农用地膜 293 吨；化肥实物量 17 500 吨；农药 92 吨。机耕面积 20 万亩，机播面积 20 万亩，机收面积 20 万亩，农业耕、种、收综合机械化水平达到 67%；粮食面积 29 万亩，油料 1.5 万亩，蔬菜面积 2.2 万亩，瓜类 0.5 万亩，薯类 2 万亩，豆类 1.8 万亩，中药材 1 万亩。

二、农村经济现状

2011 年，汾西县农村经济总收入为 43 365 万元。其中，农业收入为 22 912 万元，占52.84%；林业收入为 2 654 万元，占 6.12%；牧业收入为 7 048 万元，占 16.25%；交通运输业收入为 2 040 万元，占 4.70%；商业、餐饮、服务业收入为 3 662 万元，占8.45%；其他收入 5 049 万元，占 11.64%。农民人均纯收入为 2 439 元。

畜牧业是汾西县农业和农村经济的支柱产业、农民增收的重要途径。2011 年年底，大牲畜存栏 4.5 万头，其中，牛 3.3 万头，其他 1.2 万头；猪 8.5 万头，羊 11.8 万只；家禽存栏 28.9 万只，兔 4 万只。

汾西县农业机械化达到了较高水平，田间作业基本实现了机械化，大大减轻了劳动强度，提高了劳动效率。全县农机总动力为 96 600 千瓦。拖拉机 1 400 台，其中大中型 220台；小型 1 180 台；农用动力机械 1 800 台。种植业机具门类齐全。机引犁 890 台，旋耕机 650 台，深松机 38 台，机引耙 16 台，播种机 300 台，化肥深施机 40 台，机引铺膜机45 台，秸秆粉碎还田机 35 台，机动喷雾器 50 台，小麦联合收割机 20 台，玉米联合收割机 10 台，农副产品加工机械 480 台；农用运输车 448 辆；推土机 60 台。

三、存在问题

从农业生产条件看，汾西县是典型的旱作农业县，年降水量 536.4 毫米，年蒸发量1 866.6 毫米，蒸发量是降水量的 3.5 倍。降水少、蒸发多，形成十年九旱；水资源缺乏，水利设施少，水浇地面积 0.3 万亩，占总耕地面积的 0.8%；中低产田面积 33.59 万亩，占总耕地面积的 85.7%。气候干旱、中低产田面积大是汾西县农业发展的主要制约因素。

从农业生产现状看，种植结构不合理。由于粮食作物种植机械化程度高，投工投劳少，农民无经营风险。因此，种植面积大，但产量低，效益差；经济作物如设施蔬菜、果树、药材种植管理投入成本高、效益高。但多数农民缺资金、缺技术、不具备高水肥生产条件，因此经济作物种植面积偏少。

第三节　耕地利用与保养管理

一、主要耕作方式及影响

汾西县的农田耕作方式：有一年两作，即小麦—玉米（或豆类）；一年一作，即小麦（或玉米、谷子等）。播种方式有间作、套种、复播。间作：就是将两种以上的农作物，按照一定的播种方式有序地播种在同一块地上，利用作物的高差充分吸收阳光，达到增产目的。如玉米间作豆类、豆角等。套种：就是在同一块土地上，为了不误农时而提前在待收获的农作物行间种上其他作物，达到多收一茬农作物的目的。如小麦套种玉米、瓜类等。

复播：就是在夏收后，在麦茬田里种上其他生长期短的农作物。如麦田复播夏玉米、豆类、向日葵等。

二、耕地利用现状，生产管理及效益

汾西县种植作物主要有冬小麦、夏玉米、春玉米、油料、小杂粮、蔬菜、干鲜果等。耕作制度有一年一作、一年两作。机械作业投入：一年一作亩投入 80 元左右，一年两作亩投入 120 元左右。

据 2011 年统计部门资料，汾西县农作物总播种面积 35 万亩，粮食播种面积为 34.6 万亩，总产量为 60 200 吨。其中小麦面积为 17 万亩，总产 21 250 吨，亩产 125 千克；玉米 11 万亩，总产 82 500 吨，亩产 750 千克；豆类 1.8 万亩，总产 3 600 吨，亩产 200 千克；薯类 2 万亩，总产（折粮）4 000 吨，亩产 1 000 千克；油料 1.5 万亩，总产 1 500 吨，亩产 100 千克；谷子 1.8 万亩，总产 4 500 吨，亩产 250 千克；蔬菜 1.1 万亩，总产 18 700 吨，亩产 1 700 千克。

效益分析：一般年份，高水肥地小麦平均亩产 400 千克，每千克售价 1.5 元，产值 600 元，亩投入 320 元，纯收入 280 元；旱地小麦亩产 200 千克，亩产值 300 元，投入 160 元，亩纯收入 140 元；高水肥地玉米平均亩产 500 千克，每千克售价 1.4 元，亩产值 700 元，亩投入 300 元，纯收入 400 元；旱地谷子平均亩产 250 千克，每千克售价 3 元，亩产值 750 元，亩投入 200 元，亩收益 550 元。如遇旱年，旱地小麦、玉米、谷子收入更低，甚至亏本。设施蔬菜一般亩纯收入可达 15 000 元左右；药材、西瓜亩纯收入 2 000 元左右。

三、施肥状况与耕地养分演变

（一）有机肥

农作物施用有机肥料主要有人粪尿、厩肥、圈肥、杂积肥、秸秆沤肥、沼渣沼液等。据统计资料，1949 年汾西县大牲畜存栏 8 328 头，猪 2 336 头，羊 14 519 只。随着农业生产的恢复和发展，大牲畜、猪、羊饲养量稳步增加。1991 年大牲畜存栏 22 113 头，猪存栏 16 466 头，随着近几年农业机械化水平的提高，大牲畜存栏出现下降趋势。猪、羊、家禽、兔的数量受市场影响也出现下滑。同时，农民对化肥的依赖以及农村劳动力大量外出使得农家肥积肥总量不大。经调查，大田施用有机肥面积、质量及数量呈下降趋势，2012 年大田使用有机肥面积约占播种面积的 30%。以土杂肥、人粪尿、土圈肥为主，优质畜禽粪便施用于经济效益较高的蔬菜、瓜果、药材等作物。

（二）化肥

据统计资料，汾西县于 1953 年开始引进使用化肥，当年全县施用氮肥实物量 11 吨。进入 20 世纪 80 年代，化肥用量迅速增加，化肥供不应求，出现了磷肥热，并开始使用钾肥、复混肥；90 年代，微肥、激素及小麦、玉米，果树等作物专用肥推广应用。2011 年化肥用量 17 500 吨，其中氮肥 8 768 吨，磷肥 7 471 吨，钾肥 117 吨，复合肥 1 144 吨（化肥为实物量）。

总之，新中国成立以来，农民施肥观念经历了由有机肥料占主导地位向有机、无机配合使用的演变的过程。科技素质不断提高，培肥意识进一步加强，秸秆还田面积逐年增加，测土配方施肥技术普及推广，土壤肥力实现了稳步提高。2009 年，汾西县耕地耕层土壤养分测定结果比 1984 年第二次全国土壤普查，普遍提高。土壤有机质平均增加了 4.3 克/千克，全氮增加了 0.15 毫克/千克，有效磷增加了 0.59 毫克/千克，速效钾增加了 30.52 毫克/千克（1984 年速效钾测试方法为，2009 年采用火焰光度计）。

四、耕地利用与保养管理简要回顾

1980 年成立汾西县农业区划委员会及办公室，同年组织有关部门和农业技术人员完成了农业综合调查，编写了汾西县粗线条农业区划报告。

1985—1990 年，对汾西县土地、林业、自然资源、水利水保、土壤、气象、粮油、果树资源做了进一步调查，对原农业区划进行了修订与补充。将全县划分了 5 个区，分别是东南部黄土丘陵农业区、东北部残垣沟农业区、西北部交垣沟壑农林牧区、中南部土石山林牧区、西部石山林牧区。通过规划实施，耕地资源得到了合理培肥和利用。

1990—2008 年，重点实施了以生物覆盖、地膜覆盖、保护性耕作、小麦玉米秸秆直接还田等为主的土壤培肥工程；制定了绿色无公害谷子、小麦标准化生产规程，建设了标准化生产基地，提高了耕地资源的保护和利用，促进了用地、养地协调发展。

2009—2012 年，实施了测土配方施肥项目，改变了农民盲目施用化肥的现状，氮、磷、钾化肥施用比例、数量日趋合理，农田环境日益好转，汾西县农业生产逐步向优质、高产、高效、安全化方向发展。

第二章 耕地地力评价的内容与方法

根据《耕地地力调查与质量评价技术规程》和《全国测土配方施肥技术规范》的要求（以下简称《规程》和《规范》），通过肥料效应田间试验、样品采集与制备、田间基本情况调查、土壤与植株测试、肥料配方设计、配方肥料合理使用、效果反馈与评价、数据汇总、报告撰写等内容、方法与操作规程和耕地地力评价方法的工作过程，进行耕地地力评价。这次评价是基于5个方面进行的。一是通过耕地地力评价，全面摸清项目县耕地地力状况，提出不同土壤类型、不同区域耕地地力等级面积；二是摸清中低产田耕地分布和土壤的障碍因子，提出中低产田改造意见和措施，提高耕地综合生产能力；三是摸清土壤养分变化规律，建立不同区域、不同农作物的科学施肥指标体系及专家咨询系统；四是完成耕地地力等级图、土壤改良利用分区图、测土配方施肥分区图、土壤养分等级图等图件的制作，为农业发展规划提供科学依据；五是建立县域耕地资源管理信息系统，提出土肥水资源合理配置和改良利用、区域耕地地力与农业结构调整意见，建立耕地保养与管理监控体系，实现耕地资源的计算机自动监控管理，形成较为完善的测土配方施肥数据库，为农业增产增效、农民增收提供科学决策依据，保证农业可持续发展。

第一节 工作准备

一、组织准备

为了确保耕地地力评价工作的圆满完成，汾西县成立了耕地地力领导小组，负责全县范围内此项工作的组织协调、经费、人员及物质落实与监督。下设办公室、野外调查队和室内资料数据汇总组，为搞好本次地力评价工作提供了有力的组织保证。

二、物质准备

根据《规程》和《规范》的要求，进行了充分物质准备，先后配备了GPS定位仪、不锈钢土钻、计算机、钢卷尺、土袋、可封口塑料袋、调查表格、化验药品、化验室仪器等。并在原来土壤化验室基础上，进行了扩建和维修，达到了化验室化验分析的条件，为全面调查和室内化验分析做好了充分物质准备。

三、技术准备

领导组聘请农业系统有关专家及第二次土壤普查有关人员，组成技术指导组，根据《规程》和《规范》，制定了《汾西县测土配方施肥技术规范及耕地地力调查与质量评价技术规程》，并编写了技术培训教材。在采样调查前对采样调查人员进行认真、系统的技术培训。

四、资料准备

按照《规程》和《规范》的要求，收集了汾西县行政规划图、地形图、第二次土壤普查成果图、基本农田保护区划图、土地利用现状图、农田水利分区图等图件。收集了第二次土壤普查成果资料，基本农田保护区地块基本情况、基本农田保护区划统计资料，农田水利灌溉区域、面积及地块灌溉保证率、退耕还林规划、肥力动态监测等资料。

第二节 样品采集与制备

一、布点与采样原则

为了使土壤调查所获取的信息具有一定的典型性和代表性，提高工作效率，节省人力和资金。采样点参考县级土地利用现状图，做好采样规划设计，确定采样点位。实际采样时严禁随意变更采样点，若有变更须注明理由。在布点和采样时主要遵循了以下原则：一是布点具有广泛的代表性，同时兼顾均匀性。根据土壤类型、土地利用等因素，将采样区域划分为若干个采样单元，每个采样单元的土壤性状要尽可能均匀一致；二是尽可能在全国第二次土壤普查时的剖面或农化样取样点上布点；三是采集的样品具有典型性，能代表其对应的评价单元最明显、最稳定、最典型的特征，尽量避免各种非调查因素的影响；四是所调查农户随机抽取，按照事先所确定采样地点寻找符合基本采样条件的农户进行，采样在符合要求的同一农户的同一地块内进行。

二、采样准备

采样人员选择具有一定采样经验、熟悉采样方法和要求的农业技术人员，与了解采样区域农业生产情况的乡（镇）、村农业技术人员配合。采样前，收集了采样区域土壤图、土地利用现状图、行政区划图等资料，绘制样点分布图，制订了详细的采样工作计划。准备了GPS定位仪、不锈钢土钻、采样袋、采样标签等。

三、土壤样品采集

土壤样品采集应具有代表性和可比性，并根据不同分析项目采取相应的采样和处理方法。

1. 采样规划 确定采样点时在汾西县范围内统筹规划。在采样前，综合土壤图、土地利用现状图和行政区划图，并参考第二次土壤普查采样点位图确定采样点位，形成采样点位图。并严禁随意变更采样点，若有变更须注明理由。其中用于耕地地力评价的土壤样品采样点在全县范围内依据《规程》和《规范》的要求，在2007年全部完成了耕地地力评价的土壤采样工作。

2. 采样单元　根据土壤类型、土地利用、耕作制度、产量水平等因素，将采样区域划分为若干个采样单元，每个采样单元的土壤性状要尽可能均匀一致。平均每个采样单元为：平川区 100 亩、丘陵区 50～80 亩、土石山区 30～50 亩采一个样，采样集中在位于每个采样单元相对中心位置的典型地块，采样地块面积为 1～10 亩，采用 GPS 定位仪定位，记录经纬度和海拔高程，精确到 0.01″。

3. 采样时间　在大田作物收获后或播种施肥前进行。

4. 采样深度　大田采样深度为 0～20 厘米耕作层土样。

5. 采样点数量　采样时保证了足够的采样点，使之能代表采样单元的土壤特性。采样进行多点混合，每个样品取 15～20 个样点。

6. 采样路线　采样时应沿着一定的线路，按照随机、等量和多点混合的原则进行采样。一般采用"S"形布点采样。在地形变化小、地力较均匀、采样单元面积较小的情况下，可采用"梅花"形布点取样。要避开路边、田埂、沟边、肥堆等特殊部位。

7. 采样方法　每个采样点的取土深度及采样量应均匀一致，土样上层与下层的比例要相同，采样过程中保持土钻垂直入土。

8. 样品量　混合土样以取土 2 千克左右为宜（用于田间试验和耕地地力评价的 2 千克以上，长期保存备用），可用四分法将多余的土壤弃去。方法是将采集的土壤样品放在盘子里或塑料布上，弄碎、混匀，铺成正方形，画对角线将土样分成 4 份，把对角的两份分别合并成 1 份，保留 1 份，弃去 1 份。如果所得的样品依然依然很多，可再用四分法处理，直至达到所需数量为止。

9. 样品标记　用铅笔填写两张标签，土袋内外各 1 张，注明采样编号、采样地点、采样人、采样日期等。

四、土壤样品制备

从野外采回的土壤样品及时放在样品盘上，摊成薄薄一层，置于干净整洁的室内通风处进行自然风干，严禁暴晒，并注意防止酸、碱等气体及灰尘的污染。风干过程中经常翻动土样并将大块捏碎以加速干燥，同时剔除了侵入体。

风干后的土样按照不同的分析要求研磨过筛，充分混匀后，装入样品瓶中备用。瓶内外各放标签一张，写明编号、采样地点、土壤名称、采样深度、样品深度、样品粒径、采样日期、采样人及制样时间、制样人等项目。制备好的样品要妥善储存，避免日晒、高温、潮湿和酸碱等气体的污染。全部分析工作结束，分析数据核实无误后，需要长期保存的样品，须保存于广口瓶中，用蜡封好瓶口。

1. 一般化学分析试样　将风干后的样品平铺在制样板上，用木棍或塑料棍碾压，并将植物残体、石块等侵入体和新生体剔除干净。细小已断的植物须根，可采用静电吸附的方法清除。压碎的土样用 2 毫米孔径筛过筛，未通过的土粒重新碾压，直至全部样品通过 2 毫米孔径筛为止。通过 2 毫米孔径筛的土样可供土壤中 pH、盐分、交换性能及有效养分等项目的测定。

将通过 2 毫米孔径筛的土样四分法取出一部分继续碾磨，使之全部通过 0.25 毫米孔径筛，供有机质、全氮等项目的测定。

2. 微量元素分析试样　用于微量元素分析的土样，其处理方法同一般化学分析样品，但在采样、风干、研磨、过筛、运输、贮存等环节，避免接触容易造成样品污染的铁、铜等金属器具。采样、制样使用不锈钢、木、竹或塑料工具，过筛使用尼龙网筛等。通过 2 毫米孔径尼龙筛的样品用于测定土壤有效态微量元素。

五、植物样品的采集与制备

1. 采样要求　植物样品分析的可靠性受样品数量、采集方法及植株部位影响，因此，采样应具有：

代表性：采集样品能符合群体情况，采样量一般为 1 千克。

典型性：采样的部位能反映所要了解的情况。

适时性：根据研究目的，在不同生长发育阶段，定期采样。

粮食作物一般在成熟后收获前采集籽实部分及秸秆；发生偶然污染事故时，在田间完整地采集整株植株样品；水果及其他植株样品根据研究目的确定采样要求。

2. 样品采集　由于粮食作物生长的不均一性，一般采用多点取样，避开田边 2 米，按"梅花"形（适用于采样单元面积小的情况）或"S"形采样法采样。在采样区内采取 10 个样点的样品组成一个混合样。采样量根据检测项目而定，籽粒样品一般 1 千克左右，装入纸袋或布袋。要采集完整植株样品可以稍多些，2 千克左右，用塑料纸包扎好。

第三节　田间基本情况调查

一、调查内容

在土壤取样的同时，调查田间基本情况，填写测土配方施肥采样地块基本情况调查表（表 2-1）。同时，开展农户施肥情况调查，填写农户施肥情况调查表（表 2-2）。耕地地力评价调查内容主要有 3 个方面：一是与耕地地力评价相关的耕地自然环境条件，农田基础设施建设水平和土壤理化性状，耕地土壤障碍因素和土壤退化原因等；二是与农业结构调整密切相关的耕地土壤适宜性问题等；三是农户生产管理情况调查。

表 2-1　测土配方施肥采样地块基本情况调查表

统一编号：_____　　调查组号：_____　　采样序号：_____
采样目的：_____　　采样日期：_____　　上次采样日期：_____

	省（市）名称		地（市）名称		县（旗）名称	
地理位置	乡（镇）名称		村名称		邮政编码	
	农户名称		地块名称		电话号码	
	地块位置		距村距离（米）		—	
	北纬（°）		东经（°）		海拔高度（米）	

（续）

自然条件	地貌类型		地形部位		—	
	地面坡度（°）		地面坡度（°）		坡向	
	通常地下水位（厘米）		最高地下水位（厘米）		最深地下水位（厘米）	
	常年降水量（毫米）		常年有效积温（℃）		常年无霜期（天）	
生产条件	农田基础设施		排水能力		灌溉能力	
	水源条件		输水方式		灌溉方式	
	熟制		典型种植制度		常年产量水平（千克/亩）	
土壤情况	土类		亚类		土属	
	土种		俗名		—	
	成土母质		剖面构型		土壤质地（手测）	
	土壤结构		障碍因素		侵蚀程度	
	耕层厚度（厘米）		采样深度（厘米）		肥力等级	
	田块面积（亩）		代表面积（亩）		—	—

	茬口	第一季	第二季	第三季	第四季	第五季
来年种植意向	作物名称					
	品种名称					
	目标产量					

采样调查单位	单位名称			联系人	
	地址			邮政编码	
	电话		传真	采样调查人	
	E-mail				

表 2-2　农户施肥情况调查表

统一编号：　　　　　　　　　　　　播种年月：

施肥相关情况	生长季节		作物类型名称		作物品种名称	
	播种季节		收获日期		常年产量水平	
	生长期内降水次数		生长期内降水总量		—	
	生长期内灌水次数		生长期内灌水总量		灾害情况	

				化肥（千克/亩）			有机肥（千克/亩）	
推荐施肥情况	是否推荐施肥指导		推荐单位性质		推荐单位名称			
	配方内容	目标产量	推荐肥料成本	大量元素			其他元素		肥料名称	实物量
				N	P₂O₅	K₂O	养分名称	养分用量		

（续）

实际施肥总体情况		实际产量（千克/亩）	实际肥料成本（元/亩）	化肥（千克/亩）					有机肥（千克/亩）	
				大量元素			其他元素		肥料名称	实物量
				N	P₂O₅	K₂O	养分名称	养分用量		
	汇　总									

实际施肥明细	施肥明细	施肥序次	施肥时期	项　目			施肥情况					
							第一种	第二种	第三种	第四种	第五种	第六种
		第一次		肥料种类								
				肥料名称								
				养分含量情况（%）	大量元素	N						
						P₂O₅						
						K₂O						
					其他元素	养分名称						
						养分含量						
				实物量（千克/亩）								
		第二次		肥料种类								
				肥料名称								
				养分含量情况（%）	大量元素	N						
						P₂O₅						
						K₂O						
					其他元素	养分名称						
						养分含量						
				实物量（千克/亩）								
		第…次		肥料种类								
				肥料名称								
				养分含量情况（%）	大量元素	N						
						P₂O₅						
						K₂O						
					其他元素	养分名称						
						养分含量						
				实物量（千克/亩）								
		第六次		肥料种类								
				肥料名称								
				养分含量情况（%）	大量元素	N						
						P₂O₅						
						K₂O						
					其他元素	养分名称						
						养分含量						
				实物量（千克/亩）								

以上资料的获得，一是利用第二次土壤普查和土地利用详查等现有资料，通过收集整理而来；二是采用以点带面的调查方法，经过实地调查访问农户获得的；三是对所采集样品进行相关分析化验后取得；四是将所有有限的资料、农户生产管理情况调查资料、分析数据录入到计算机中，并经过矢量化处理形成数字化图件，插值，使每个地块均具有各种资料信息，来获取相关资料信息。这些资料和信息，对分析耕地地力评价结果及影响因素具有重要意义。如通过分析农户投入和生产管理对耕地地力土壤环境的影响，分析农民现阶段投入成本与耕地质量直接的关系，有利于提高成果的现实性，引起各级领导的关注。通过对每个地块资源的充实完善，可以从微观角度，对土、肥、气、热、水资源运行情况有更周密的了解，提出管理措施和对策，指导农民进行资源合理利用和分配。通过对全部信息资料的了解和掌握，可以宏观调控资源配置，合理调整农业产业结构，科学指导农业生产。

二、调查对象

调查对象是采样点所属村组人员和地块所属农户。

第四节　样品分析及质量控制

一、土壤测试

（1）pH：采用土液比 1：2.5，电位法测定。

（2）有机质：采用油浴加热重铬酸钾氧化容量法测定。

（3）全磷：采用氢氧化钠熔融——钼锑抗比色法测定。

（4）有效磷：采用碳酸氢钠或氟化铵—盐酸浸提——钼锑抗比色法测定。

（5）全钾：采用氢氧化钠熔融——火焰光度计或原子吸收分光光度计法测定。

（6）速效钾：采用乙酸铵浸提——火焰光度计或原子吸收分光光度计法测定。

（7）全氮：采用凯氏蒸馏法测定。

（8）碱解氮：采用碱解扩散法测定。

（9）缓效钾：采用硝酸提取——火焰光度法测定。

（10）有效铜、锌、铁、锰：采用 DTPA 提取——原子吸收光谱法测定。

（11）水溶性硼：采用沸水浸提——甲亚胺－H 比色法或姜黄素比色法测定。

（12）有效硫：采用磷酸盐—乙酸或氯化钙浸提——硫酸钡比浊法测定。

测土配方施肥和耕地地力评价样品测试项目见表 2-3。

表 2-3　测土配方施肥和耕地地力评价样品测试项目汇总

序　号	测试项目	测土配方施肥	耕地地力评价
1	土壤质地指测法	必　测	必　测
2	土壤质地，比重计法	选　测	
3	土壤容重	选　测	必　测

（续）

序　号	测试项目	测土配方施肥	耕地地力评价
4	土壤含水重	选　测	
5	土壤田间持水量	选　测	
6	土壤 pH	必　测	必　测
7	土壤交换量	选　测	
8	石灰需要量	pH<6 的样品必测	
9	土壤阳离子交换量	选　测	
10	土壤水溶性盐分	选　测	
11	土壤氧化还原电位	选　测	
12	土壤有机质	必　测	必　测
13	土壤全氮	必　测	必　测
14	土壤水解性氮		
15	土壤铵态氮	至少测试 1 项	必　测
16	土壤硝态氮		
17	土壤有效磷	必　测	必　测
18	土壤缓效钾	必　测	必　测
19	土壤速效钾	必　测	必　测
20	土壤交换性钙镁	pH<6.5 的样品必测	
21	土壤有效硫	必　测	必　测
22	土壤有效硅	选　测	
23	土壤有效铁、锰、铜、锌、硼	必　测	必　测
24	土壤有效钼	选测，豆科作物产区必测	

二、实验室质量控制

1. 在测试前采取的主要措施

（1）按《规程》要求制订了周密的采样方案，尽量减少采样误差（把采样作为分析检验的一部分）。

（2）正式开始分析前，对检验人员进行了为期 2 周的培训：对监测项目、监测方法、操作要点、注意事项——进行培训，并进行了质量考核，为监验人员掌握了解项目分析技术、提高业务水平、减少误差等奠定了基础。

（3）收样登记制度：制定了收样登记制度，将收样时间、制样时间、处理方法与时间、分析时间——登记，并在收样时确定样品统一编号、野外编号及标签等，从而确保了样品的真实性和整个过程的完整性。

（4）测试方法确认（尤其是同一项目有几种检测方法时）：根据实验室现有条件、要求规定及分析人员掌握情况等确立最终采取的分析方法。

（5）测试环境确认：为减少系统误差，对实验室温湿度、试剂、用水、器皿等——检验，保证其符合测试条件。对有些相互干扰的项目分开实验室进行分析。

（6）检测用仪器设备及时进行计量检定，定期进行运行状况检查。

2. 在检测中采取的主要措施

（1）仪器使用实行登记制度，并及时对仪器设备进行检查维修和调整。

（2）严格执行项目分析标准或规程，确保测试结果准确性。

（3）坚持平行试验、必要的重显性试验，控制精密度，减少随机误差。

每个项目开始分析时每批样品均须做 100% 平行样品，结果稳定后，平行次数减少 50%，最少保证做 10%～15% 平行样品。每个化验人员都自行编入明码样做平行测定，质控员还编入 10% 密码样进行质量控制。

平行双样测定结果的误差在允许的范围之内为合格；平行双样测定全部不合格者，该批样品须重新测定；平行双样测定合格率 < 95% 时，除对不合格的重新测定外，再增加 10%～20% 的平行测定率，直到总合格率达 95%。

（4）坚持带质控样进行测定。

①与标准样对照。分析中，每批次带标准样品 10%～20%，以测定的精密度合格的前提下，标准样测定值在标准保证值（95% 的置信水平）范围的为合格，否则本批结果无效，进行重新分析测定。

②加标回收法。对灌溉水样由于无标准物质或质控样品，采用加标回收试验来测定准确度。

加标率，在每批样品中，随机抽取 10%～20% 试样进行加标回收测定。

加标量，被测组分的总量不得超出方法的测定上限。加标浓度宜高，体积应小，不应超过原定试样体积的 1%。

加标回收率在 90%～110% 范围内的为合格。

$$加标回收率（\%）=\frac{总测得量-样品含量}{标准加入量}\times 100$$

根据回收率大小，也可判断是否存在系统误差。

（5）注重空白试验。全程空白值是指用某一方法测定某物质时，除样品中不含该物质外，整个分析过程中引起的信号值或相应浓度值。它包含了试剂、蒸馏水中杂质带来的干扰，从待测试样的测定值中扣除，可消除上述因素带来的系统误差。如果空白值过高，则要找出原因，采取其他措施（如提纯试剂、更新试剂、更换容器等）加以消除。保证每批次样品做 2 个以上空白样，并在整个项目开始前按要求做全程序空白测定，每次做 2 个平行空白样，连测 5 天共得 10 个测定结果，计算批内标准偏差 S_{wb}

$$S_{wb}=\big[\sum (X_i-X_平)^2/m(n-1)\big]^{1/2}$$

式中：n——每天测定平均样个数；

　　　m——测定天数。

（6）做好校准曲线。比色分析中标准系列保证设置 6 个以上浓度点。根据浓度和吸光值按一元线性回归方程

$$Y=a+bX$$

计算其相关系数。

式中：Y——吸光度；

X——待测液浓度；

a——截距；

b——斜率。

要求标准曲线相关系数 r≥0.999。

校准曲线控制：①每批样品皆需做校准曲线；②标准曲线力求 r≥0.999，且有良好重现性；③大批量分析时每测 10～20 个样品要用一标准液校验，检查仪器状况；④待测液浓度超标时不能任意外推。

（7）用标准物质校核实验室的标准滴定溶液。标准物质的作用是校准。对测量过程中使用的基准纯、优级纯的试剂进行校验。校准合格才准用，确保量值准确。

（8）详细、如实记录测试过程，使检测条件可再现、检测数据可追溯。对测量过程中出现的异常情况也及时记录，及时查找原因。

（9）认真填写测试原始记录，测试记录做到：如实、准确、完整、清晰。记录的填写、更改均制定了相应制度和程序。当测试由一人读数一人记录时，记录人员复读多次所记的数字，减少误差发生。

3. 检测后主要采取的技术措施

（1）加强原始记录校核、审核，实行"三审三校"制度，对发现的问题及时研究、解决，或召开质量分析会，达成共识。

（2）运用质量控制图预防质量事故发生。对运用均值—极差控制图的判断，参照《质量专业理论与实名》中的判断准则。对控制样品进行多次重复测定，由所得结果计算出控制样的平均值 X 及标准差 S（或极差 R），就可绘制均值—标准差控制图（或均值—极差控制图），纵坐标为测定值，横坐标为获得数据的顺序。将均值 X 作成与横坐标平行的中心级 CL，$X \pm 3S$ 为上下警戒限 UCL 及 LCL，$X \pm 2S$ 为上下警戒限 UWL 及 LWL，在进行试样例行分析时，每批带入控制样，根据差异判异准则进行判断。如果在控制限之外，该批结果为全部错误结果，则必须查出原因，采取措施，加以消除，除"回控"后再重复测定，并控制不再出现，如果控制样的结果落在控制限和警戒限之间，说明精密度已不理想，应引起注意。

（3）控制检出限。检出限是指对某一特定的分析方法在给定的置信水平内，可以从样品中检测的待测物质的最小浓度或最小量。根据空白测定的批内标准偏差（S_{wb}）按下列公式计算检出限（95％的置信水平）。

①若试样一次测定值与零浓度试样一次测定值有显著性差异时，检出限（L）按下列公式计算：

$$L = 2 \times 2^{1/2} t_f S_{wb}$$

式中：L ——方法检出限；

t_f ——显著水平为 0.05（单侧）、自由度为 f 的 t 值；

S_{wb} ——批内空白值标准偏差；

f——批内自由度，$f = m(n-1)$，m 为重复测定次数，n 为平行测定次数。

②原子吸收分析方法中检出限计算：$L = 3 S_{wb}$。

③分光光度法以扣除空白值后的吸光值为 0.010 相对应的浓度值为检出限。

（4）及时对异常情况处理。

①异常值的取舍。对检测数据中的异常值，按 GB 4883 标准规定采用 Grubbs 法或 Dixon 法加以判断处理。

②因外界干扰（如停电、停水），检测人员应终止检测，待排除干扰后重新检测，并记录干扰情况。当仪器出现故障时，故障排除后校准合格的，方可重新检测。

（5）使用计算机采集、处理、运算、记录、报告、存储检测数据时，应制定相应的控制程序。

（6）检验报告的编制、审核、签发。检验报告是实验工作的最终结果，是试验室的产品，因此对检验报告质量要高度重视。检验报告应做到完整、准确、清晰、结论正确。必须坚持三级审核制度，明确制表、审核、签发的职责。

除此之外，为保证分析化验质量，提高实验室之间分析结果的可比性，山西省土壤肥料工作站抽查 5%～10% 样品在省测试中心进行复核，并编制密码样，对实验室进行质量监督和控制。

4. 技术交流　在分析过程中，发现问题及时交流，改进方法，不断提高技术水平。

5. 数据录入　分析数据按规程和方案要求审核后编码整理，和采样点一一对照，确认无误后进行录入。采取双人录入相互对照的方法，保证录入正确率。

第五节　确定技术路线

汾西县耕地地力调查与评价所采用的技术路线，见图 2-1。

1. 确定评价单元　利用基本农田保护区区划图、土壤图和土地利用现状图叠加的图斑为基本评价单元。相似相近的评价单元至少采集一个土壤样品进行分析，在评价单元图上连接评价单元属性数据库，用计算机绘制各评价因子图。

2. 确定评价因子　根据全国、省级耕地地力评价指标体系并通过农科教专家论证来选择汾西县县域耕地地力评价因子。

3. 确定评价因子权重　用模糊数学德尔菲法和层次分析法将评价因子标准数据化，并计算出每一评价因子的权重。

4. 数据标准化　选用隶属函数法和专家经验法等数据标准化方法，对评价指标进行数据标准化处理，对定性指标要进行数值化描述。

5. 综合地力指数计算　用各因子的地力指数累加得到每个评价单元的综合地力指数。

6. 划分地力等级　根据综合地力指数分布的累积频率曲线法或等距法，确定分级方案，并划分地力等级。

7. 归入全国耕地地力等级体系　依据《全国耕地类型区、耕地地力等级划分》（NY/T 309—1996），归纳整理各级耕地地力要素主要指标，结合专家经验，将各级耕地地力归入全国耕地地力等级体系。

8. 划分中低产田类型　依据《全国中低产田类型划分与改良技术规范》（NY/T 310—1996），分析评价单元耕地土壤主要障碍因素，划分并确定中低产田类型。

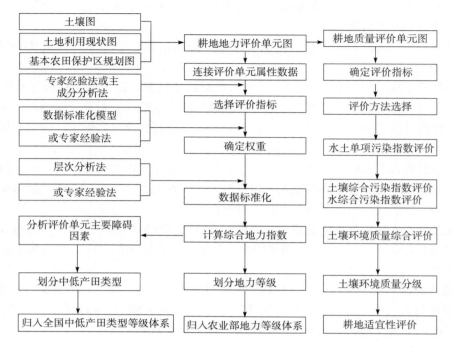

图 2-1　耕地地力调查与质量评价技术路线流程

第六节　评价依据、方法及评价标准体系的建立

一、评价原则依据

经山西农业大学资源环境学院、山西省农业厅土壤肥料工作站、太原市土壤肥料工作站和临汾地区土壤肥料工作站相关专家评议，汾西县确定了三大因素 9 个因子为耕地地力评价指标，见表 2-4。

1. 立地条件　指耕地土壤的自然环境条件，它包含与耕地与质量直接相关的地貌类型及地形部位、成土母质、地面坡度等。

（1）地貌类型及其特征描述：汾西县由平原到山地垂直分布的主要地形地貌有河流及河谷冲积平原（河漫滩、一级阶地、二级阶地），丘陵（梁地、坡地等）和山地（石质山、土石山等）。

（2）成土母质及其主要分布：在汾西县耕地上分布的母质类型有石灰岩和砂页岩、保德红土、离石黄土、马兰黄土、新黄土。

（3）地面坡度：地面坡度反映水土流失程度，直接影响耕地地力，汾西县将地面坡度小于 25°的耕地依坡度大小分成 6 级（＜2.0°、2.1°～5.0°、5.1°～8.0°、8.1°～15.0°、15.1°～25.0°、≥25.0°）进入地力评价系统。

2. 土壤属性

（1）土体构型：指土壤剖面中不同土层间质地构造变化情况，直接反映土壤发育及障碍层次，影响根系发育、水肥保持及有效供给，包括有效土层厚度、耕作层厚度、质地构型 3 个因素。

①有效土层厚度：指土壤层和松散的母质层之和，按其厚度深浅从高到低依次分为 6 级（＞150 厘米、101～150 厘米、76～100 厘米、51～75 厘米、26～50 厘米、≤25 厘米）进入地力评价系统。

②耕层厚度：按其厚度深浅从高到低依次分为 6 级（＞30 厘米、26～30 厘米、21～25 厘米、16～20 厘米、11～15 厘米、≤10 厘米）进入地力评价系统。

③质地构型：汾西县耕地质地构型主要分为通体型（包括通体壤、通体黏、通体沙）、夹沙（包括壤夹沙、黏夹沙）、底沙、夹黏（包括壤夹黏、沙夹黏）、深黏、夹砾、底砾、通体少砾、通体多砾、通体少姜、浅姜、通体多姜等。

（2）耕层土壤理化性状：分为较稳定的理化性状（质地、有机质）和易变化的化学性状（有效磷、速效钾）两大部分。

①质地：影响水肥保持及耕作性能。按卡庆斯基制的 6 级划分体系来描述，分别为沙土、沙壤、轻壤、中壤、重壤、黏土。

②有机质：土壤肥力的重要指标，直接影响耕地地力水平。按其含量从高到低依次分为 6 级（＞25.00 克/千克、20.01～25.00 克/千克、15.01～20.00 克/千克、10.01～15.00 克/千克、5.01～10.00 克/千克、≤5.00 克/千克）进入地力评价系统。

③有效磷：按其含量从高到低依次分为 6 级（＞25.00 毫克/千克、20.1～25.00 毫克/千克、15.1～20.00 毫克/千克、10.1～15.00 毫克/千克、5.1～10.00 毫克/千克、≤5.00 毫克/千克）进入地力评价系统。

④速效钾：按其含量从高到低依次分为 6 级（＞200 毫克/千克、151～200 毫克/千克、101～150 毫克/千克、81～100 毫克/千克、51～80 毫克/千克、≤50 毫克/千克）进入地力评价系统。

3. 农田基础设施条件

（1）灌溉保证率：指降水不足时的有效补充程度，是提高作物产量的有效途径，分为充分满足，可随时灌溉；基本满足，在关键时期可保证灌溉；一般满足，大旱之年不能保证灌溉；无灌溉条件 4 种情况。

（2）梯（园）田化水平：按园田化和梯田类型及其熟化程度分为地面平坦，园田化水平高；地面基本平坦，园田化水平较高；高水平梯田；缓坡梯田，熟化程度 5 年以上；新修梯田；坡耕地 6 种类型。

二、评价方法及流程

1. 技术方法

（1）文字评述法：对一些概念性的评价因子（如地形部位、土壤母质、质地构型、质地、梯田化水平、盐渍化程度等）进行定性描述。

（2）专家经验法（德尔菲法）：在山西省农科教系统邀请土壤肥料方面具有一定学术水平和农业生产实践经验的 20 名专家，参与评价因素的筛选和隶属度确定（包括概念型和数值型评价因子的评分），见表2－4。

表2－4　评价因素和隶属度

因　子	平均值	众数值	建议值
立地条件（C_1）	1.6	1（17）	1
土体构型（C_2）	3.7	3（15）5（13）	3
较稳定的理化性状（C_3）	4.47	3（13）5（10）	4
易变化的化学性状（C_4）	4.2	5（13）3（11）	5
农田基础建设（C_5）	1.47	1（17）	1
地面部位（A_1）	1.8	1（23）	1
成土母质（A_2）	3.9	3（9）5（12）	5
地面坡度（A_3）	3.1	3（14）5（7）	3
有效土层厚度（A_4）	2.8	1（14）3（9）	1
耕层厚度（A_5）	2.7	3（17）1（10）	3
剖面构型（A_6）	2.8	1（12）3（11）	1
耕层质地（A_7）	2.9	1（13）5（11）	1
有机质（A_9）	2.7	1（14）3（11）	3
有效磷（A_{12}）	1.0	1（31）	1
速效钾（A_{13}）	2.7	3（16）1（10）	3
灌溉保证率（A_{14}）	1.2	1（30）	1
园（梯）田化水平（A_{15}）	4.5	5（15）7（7）	5

（3）模糊综合评判法：应用这种数理统计的方法对数值型评价因子（如地面坡度、有效土层厚度、耕层厚度、有机质、有效磷、速效钾、酸碱度、灌溉保证率等）进行定量描述，即利用专家给出的评分（隶属度）建立某一评价因子的隶属函数，见表2－5。

表2－5　汾西县耕地地力评价数字型因子分级及其隶属度

评价因子	量纲	1级	2级	3级	4级	5级	6级
		量值	量值	量值	量值	量值	量值
地面坡度	°	＜2.00	2.00～5.00	5.10～8.00	8.10～15.00	15.10～25.00	≥25.00
有效土层厚度	厘米	＞150.00	101.00～150.00	76.00～100.00	51.00～75.00	26.00～50.00	≤25.00
耕层厚度	厘米	＞30.00	26.00～30.00	21.00～25.00	16.00～20.00	11.00～15.00	≤10.00
有机质	克/千克	＞25.00	20.01～25.00	15.01～20.00	10.01～15.00	5.01～10.00	≤5.00
有效磷	毫克/千克	＞25.00	20.01～25.00	15.10～20.00	10.10～15.00	5.10～10.00	≤5.00
速效钾	毫克/千克	＞200.00	151.00～200.00	101.00～150.00	81.00～100.00	51.00～80.00	≤50.00
灌溉保证率		充分满足	基本满足	基本满足	一般满足	无灌溉条件	

（4）层次分析法：用于计算各参评因子的组合权重。本次评价，把耕地生产性能（即耕地地力）作为目标层（G层），把影响耕地生产性能的立地条件、土体构型、较稳定的理化性状、易变化的化学性状、农田基础设施条件作为准则层（C层），再把影响准则层

中的各因素的项目作为指标层（A层），建立耕地地力评价层次结构图。在此基础上，由20名专家分别对不同层次内各参评因素的重要性作出判断，构造出不同层次间的判断矩阵。最后计算出各评价因子的组合权重。

（5）指数和法：采用加权法计算耕地地力综合指数，即将各评价因子的组合权重与相应的因素等级分值（即由专家经验法或模糊综合评判法求得的隶属度）相乘后累加，如：

$$IFI = \sum B_i \times A_i (i = 1, 2, 3, \cdots, 15)$$

式中：IFI ——耕地地力综合指数；

B_i ——第 i 个评价因子的等级分值；

A_i ——第 i 个评价因子的组合权重。

2. 技术流程

（1）应用叠加法确定评价单元：把基本农田保护区规划图与土地利用现状图、土壤图叠加形成的图斑作为评价单元。

（2）空间数据与属性数据的连接：用评价单元图分别与各个专题图叠加，为每个评价单元获取相应的属性数据。根据调查结果，提取属性数据进行补充。

（3）确定评价指标：根据全国耕地地力调查评价指数表，由山西省土壤肥料工作站组织20名专家，采用德尔菲法和模糊综合评判法确定汾西县耕地地力评价因子及其隶属度。

（4）应用层次分析法确定各评价因子的组合权重。

（5）数据标准化：计算各评价因子的隶属函数，对各评价因子的隶属度数值进行标准化。

（6）应用累加法计算每个评价单元的耕地地力综合指数。

（7）划分地力等级：分析综合地力指数分布，确定耕地地力综合指数的分级方案，划分地力等级。

（8）归入农业部地力等级体系：选择10％的评价单元，调查近3年粮食单产（或用基础地理信息系统中已有资料），与以粮食作物产量为引导确定的耕地基础地力等级进行相关分析，找出两者之间的对应关系，将评价的地力等级归入农业部确定的等级体系（NY/T 309—1996　全国耕地类型区、耕地地力等级划分）。

（9）采用GIS、GPS系统编绘各种养分图和地力等级图等图件。

三、评价标准体系建立

1. 汾西县耕地评价　汾西县耕地评价指标见表2-6，耕地地力要素的层次结构见图2-2。

表 2 - 6　汾西县耕地评价指标（9项）

指标层	准则层					组合权重
	C_1	C_2	C_3	C_4	C_5	$\sum C_i A_i$
	0.472 9	0.098 3	0.106 0	0.143 1	0.179 7	1.000 0
A_1 地形部位	0.550 6					0.264 3
A_2 成土母质	0.197 3					0.086 6

（续）

指标层	准则层					组合权重
	C_1	C_2	C_3	C_4	C_5	$\sum C_i A_i$
	0.472 9	0.098 3	0.106 0	0.143 1	0.179 7	1.000 0
A_3 地面坡度	0.252 1					0.121 9
A_4 耕层厚度		1.000 0				0.098 3
A_5 耕层质地			0.500 0			0.053 0
A_6 有机质			0.500 0			0.053 0
A_7 有效磷				0.629 6		0.090 1
A_8 速效钾				0.370 4		0.053 0
$A9$ 园田化水平					1.000 0	0.179 8

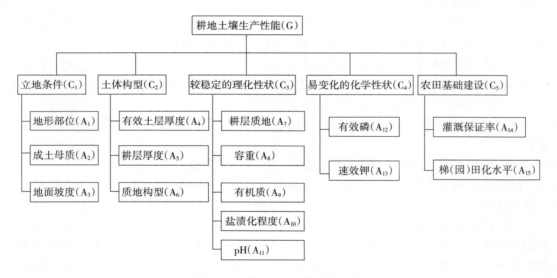

图 2-2　耕地地力要素层次结构

2. 耕地地力要素的隶属度

（1）概念性评价因子：汾西县耕地地力评价概念性因素隶属度及其描述见表 2-7。

（2）数值型评价因子：汾西县耕地地力评价数值型因子隶属函数见表 2-8。

表 2-7　汾西县耕地地力评价概念性因子隶属度及其描述

地形部位	描述	河漫滩	一级阶地	二级阶地	高阶地	垣地	洪积扇（上、中、下）			倾斜平原	梁地	峁地	坡麓	沟谷
	隶属度	0.7	1.0	0.9	0.7	0.4	0.4	0.6	0.8	0.8	0.2	0.2	0.1	0.6
母质类型	描述	洪积物		河流冲积物		黄土状冲积物		残积物		保德红土		马兰黄土		离石黄土	
	隶属度	0.7		0.9		1.0		0.2		0.3		0.5		0.6	
质地构型	描述	通体壤	黏夹沙	底沙	壤夹黏	壤夹沙	沙夹黏	通体黏	夹砾	底砾	少砾	多砾	少姜	浅姜	多姜	通体沙	浅钙积	夹白干	底白干
	隶属度	1.0	0.6	0.7	1.0	0.9	0.3	0.8	0.4	0.7	0.8	0.2	0.8	0.4	0.2	0.3	0.4	0.4	0.7

（续）

耕层质地	描述	沙土	沙壤	轻壤	中壤	重壤	黏土
	隶属度	0.2	0.6	0.8	1.0	0.8	0.4
梯（园）田化水平	描述	地面平坦园田化水平高	地面基本平坦园田化水平较高	高水平梯田	缓坡梯田熟化程度 5 年以上	新修梯田	坡耕地
	隶属度	1.0	0.8	0.6	0.4	0.2	0.1

盐渍化程度	描述		无	轻	中	重
		全盐量	苏打为主，<0.1%	0.1%～0.3%	0.3%～0.5%	≥0.5%
			氯化物为主，<0.2%	0.2%～0.4%	0.4%～0.6%	≥0.6%
			硫酸盐为主，<0.3%	0.3%～0.5%	0.5%～0.7%	≥0.7%
	隶属度		1.0	0.7	0.4	0.1
灌溉保证率	描述		充分满足	基本满足	一般满足	无灌溉条件
	隶属度		1.0	0.7	0.4	0.1

表 2-8　汾西县耕地地力评价数值型因子隶属函数

函数类型	评价因子	经验公式	C	U_t
戒下型	地面坡度（°）	$y=1/[1+6.492\times10^{-3}\times(u-c)^2]$	3.00	≥25.00
戒上型	有效土层厚度（厘米）	$y=1/[1+1.118\times10^{-4}\times(u-c)^2]$	160.00	≤25.00
戒上型	耕层厚度（厘米）	$y=1/[1+4.057\times10^{-3}\times(u-c)^2]$	33.80	≤10.00
戒上型	有机质（克/千克）	$y=1/[1+2.912\times10^{-3}\times(u-c)^2]$	28.40	≤5.00
戒上型	有效磷（毫克/千克）	$y=1/[1+3.035\times10^{-3}\times(u-c)^2]$	28.80	≤5.00
戒上型	速效钾（毫克/千克）	$y=1/[1+5.389\times10^{-5}\times(u-c)^2]$	228.76	≤50.00

第七节　耕地资源管理信息系统建立

一、耕地资源管理信息系统的总体设计

总体目标

耕地资源信息系统以一个县行政区域内耕地资源为管理对象，应用 GIS 技术对辖区内的地形、地貌、土壤、土地利用、农田水利、土壤污染、农业生产基本情况、基本农田保护区等资料进行统一管理，构建耕地资源基础信息系统，并将此数据平台与各类管理模型结合，对辖区内的耕地资源进行系统的动态管理，为农业决策者、农民和农业技术人员提供耕地质量动态变化、土壤适宜性、施肥咨询、作物营养诊断等多方位的信息服务。

本系统行政单元为村，农田单元为基本农田保护块，土壤单元为土种，系统基本管理单元为土壤、基本农田保护块、土地利用现状叠加所形成的评价单元。

1. 系统结构　耕地资源管理信息系统结构见图 2-3。

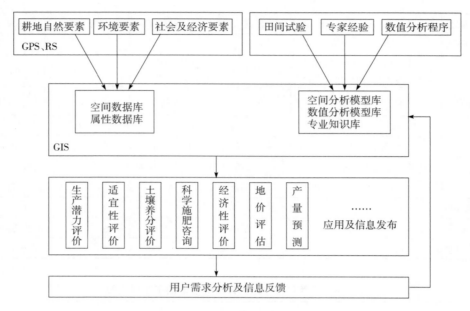

图 2-3 耕地资源管理信息系统结构

2. 县域耕地资源管理信息系统建立工作流程 见图 2-4。

3. CLRMIS、硬件配置

(1) 硬件：P3/P4 及其兼容机，≥128M 的内存，≥20G 的硬盘，≥32M 的显存，A4 扫描仪，彩色喷墨打印机。

(2) 软件：Windows 98/2000/XP，Excel 97/2000/XP 等。

二、资料收集与整理

(一) 图件资料收集与整理

图件资料指印刷的各类地图、专题图以及商品数字化矢量和栅格图。图件比例尺为 1∶50 000 和 1∶10 000。

(1) 地形图：统一采用中国人民解放军总参谋部测绘局测绘的地形图。由于近年来公路、水系、地形地貌等变化较大，因此采用水利、公路、规划、国土等部门的有关最新图件资料对地形图进行修正。

(2) 行政区划图：由于近年撤乡并镇等工作致使部分地区行政区划变化较大，因此按最新行政区划进行修正，同时注意名称、拼音、编码等的一致。

(3) 土壤图及土壤养分图：采用第二次土壤普查成果图。

(4) 基本农田保护区现状图：采用国土局最新划定的基本农田保护区图。

(5) 地貌类型分区图：根据地貌类型将辖区内农田分区，采用第二次土壤普查分类系统绘制成图。

(6) 土地利用现状图：现有的土地利用现状图。

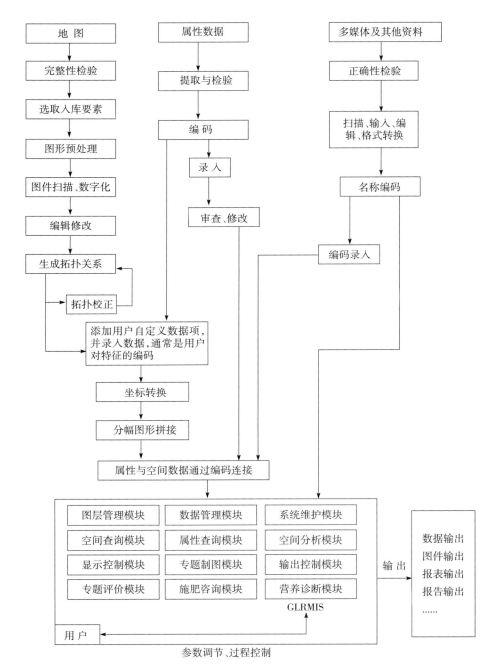

图 2-4 县域耕地资源管理信息系统建立工作流程

（7）土壤肥力监测点点位图：在地形图上标明准确位置及编号。

（8）土壤普查土壤采样点点位图：在地形图上标明准确位置及编号。

（二）数据资料收集与整理

（1）基本农田保护区一级、二级地块登记表，国土局基本农田划定资料。

（2）其他有关基本农田保护区划定统计资料，国土局基本农田划定资料。

（3）近几年粮食单产、总产、种植面积统计资料（以村为单位）。

（4）其他农村及农业生产基本情况资料。

（5）历年土壤肥力监测点田间记载及化验结果资料。

（6）历年肥情点资料。

（7）县、乡、村名编码表。

（8）近几年土壤、植株化验资料（土壤普查、肥力普查等）。

（9）近几年主要粮食作物、主要品种产量构成资料。

（10）各乡历年化肥销售、使用情况。

（11）土壤志、土种志。

（12）特色农产品分布、数量资料。

（13）当地农作物品种及特性资料，包括各个品种的全生育期、大田生产潜力、最佳播期、移栽期、播种量、栽插密度、百千克籽粒需氮量、需磷量、需钾量等，及品种特性介绍。

（14）一元、二元、三元肥料肥效试验资料，计算不同地区、不同土壤、不同作物品种的肥料效应函数。

（15）不同土壤、不同作物基础地力产量占常规产量比例资料。

（三）文本资料收集与整理

（1）汾西县及各乡（镇）基本情况描述。

（2）各土种性状描述，包括其发生、发育、分布、生产性能、障碍因素等。

（四）多媒体资料收集与整理

（1）土壤典型剖面照片。

（2）土壤肥力监测点景观照片。

（3）当地典型景观照片。

（4）特色农产品介绍（文字、图片）。

（5）地方介绍资料（图片、录像、文字、音乐）。

三、属性数据库建立

（一）属性数据内容

主要属性资料及其来源见表 2-9。

（二）属性数据分类与编码

数据的分类编码是对数据资料进行有效管理的重要依据。编码的主要目的是节省计算机内存空间，便于用户理解使用。地理属性进入数据库之前进行编码是必要的，只有进行了正确的编码，空间数据库与属性数据库才能实现正确连接。编码格式有英文字母与数学组合。本系统主要采用数字表示的层次型分类编码体系，它能反映专题要素分类体系的基本特征。

（三）建立编码字典

数据字典是数据库应用设计的重要内容，是描述数据库中各类数据及其组合的数据集合，也称元数据。地理数据库的数据字典主要用于描述属性数据，它本身是一个特殊用途的文件，在数据库整个生命周期里都起着重要的作用。它避免重复数据项的出现，并提供了查询数据的唯一入口。

表 2-9 CLRMIS 主要属性资料及其来源

编号	名　称	来　源
1	湖泊、面状河流属性表	水务局
2	堤坝、渠道、线状河流属性数据	水务局
3	交通道路属性数据	交通局
4	行政界线属性数据	农业局
5	耕地及蔬菜地灌溉水、回水分析结果数据	农业局
6	土地利用现状属性数据	国土局、卫星图片解译
7	土壤、植株样品分析化验结果数据表	本次调查资料
8	土壤名称编码表	土壤普查资料
9	土种属性数据表	土壤普查资料
10	基本农田保护块属性数据表	国土局
11	基本农田保护区基本情况数据表	国土局
12	地貌、气候属性表	土壤普查资料
13	区乡村名编码表	统计局

（四）数据库结构设计

属性数据库的建立与录入可独立于空间数据库和 GIS 系统，可以在 Access、dBase、Foxbase 和 Foxpro 下建立，最终统一以 dBase 的 dbf 格式保存入库。下面以 dBase 的 dbf 数据库为例进行描述。

1. 湖泊、面状河流属性数据库 lake. dbf

字段名	属性	数据类型	宽度	小数位	量纲
lacode	水系代码	N	4	0	代码
laname	水系名称	C	20		
lacontent	湖泊储水量	N	8	0	万立方米
laflux	河流流量	N	6		立方米/秒

2. 堤坝、渠道、线状河流属性数据 stream. dbf

字段名	属性	数据类型	宽度	小数位	量纲
ricode	水系代码	N	4	0	代码
riname	水系名称	C	20		
riflux	河流、渠道流量	N	6		立方米/秒

3. 交通道路属性数据库 traffic. dbf

字段名	属性	数据类型	宽度	小数位	量纲
rocode	道路编码	N	4	0	代码
roname	道路名称	C	20		
rograde	道路等级	C	1		
rotype	道路类型	C	1		（黑色/水泥/石子/土地）

4. 行政界线（省、市、县、乡、村）属性数据库 boundary. dbf

字段名	属性	数据类型	宽度	小数位	量纲
adcode	界线编码	N	1	0	代码
adname	界线名称	C	4		

adcode	name
1	国界
2	省界
3	市界
4	县界
5	乡界
6	村界

5. 土地利用现状属性数据库* landuse. dbf

＊土地利用现状分类表。

字段名	属性	数据类型	宽度	小数位	量纲
lucode	利用方式编码	N	2	0	代码
luname	利用方式名称	C	10		

6. 土种属性数据表 soil. dbf

＊土地系统分类表。

字段名	属性	数据类型	宽度	小数位	量纲
sgcode	土种代码	N	4	0	代码
stname	土类名称	C	10		
ssname	亚类名称	C	20		
skname	土属名称	C	20		
sgname	土种名称	C	20		
pamaterial	成土母质	C	50		
profile	剖面构型	C	50		

土种典型剖面有关属性数据：

text	剖面照片文件名	C	40		
picture	图片文件名	C	50		
html	文件名	C	50		
video	录像文件名	C	40		

7. 土壤养分（pH、有机质、氮等）属性数据库 nutr＊＊＊＊. dbf

本部分由一系列的数据库组成，视实际情况不同有所差异，如在盐碱土地区还包括盐分含量及离子组成等。

（1）pH 库 nutrph. dbf：

字段名	属性	数据类型	宽度	小数位	量纲
code	分级编码	N	4	0	代码
number	pH	N	4	1	

（2）有机质库 nutrom. dbf：

字段名	属性	数据类型	宽度	小数位	量纲
code	分级编码	N	4	0	代码
number	有机质含量	N	5	2	百分含量

（3）全氮量库 nutrN. dbf：

字段名	属性	数据类型	宽度	小数位	量纲
code	分级编码	N	4	0	代码
number	全氮含量	N	5	3	百分含量

（4）速效养分库 nutrP. dbf：

字段名	属性	数据类型	宽度	小数位	量纲
code	分级编码	N	4	0	代码
number	速效养分含量	N	5	3	毫克/千克

8. 基本农田保护块属性数据库 farmland. dbf

字段名	属性	数据类型	宽度	小数位	量纲
plcode	保护块编码	N	7	0	代码
plarea	保护块面积	N	4	0	亩
cuarea	其中耕地面积	N	6		
eastto	东至	C	20		
westto	西至	C	20		
sorthto	南至	C	20		
northto	北至	C	20		
plperson	保护责任人	C	6		
plgrad	保护级别	N	1		

9. 地貌*、气候属性表 landform. dbf**

＊地貌类型编码表。

字段名	属性	数据类型	宽度	小数位	量纲
landcode	地貌类型编码	N	2	0	代码
landname	地貌类型名称	C	10		
rain	降水量	C	6		

10. 基本农田保护区基本情况数据表　（略）。

11. 县、乡、村名编码表

字段名	属性	数据类型	宽度	小数位	量纲
vicodec	单位编码—县内	N	5	0	代码

vicoden	单位编码—统一	N	11
viname	单位名称	C	20
vinamee	名称拼音	C	30

（五）数据录入与审核

数据录入前仔细审核，数值型资料注意量纲、上下限，地名应注意汉字多音字、繁简体、简全称等问题，审核定稿后再录入。录入后仔细检查，保证数据录入无误后，将数据库转为规定的格式（dBase 的 dbf 文件格式文件），再根据数据字典中的文件名编码命名后保存在规定的子目录下。

文字资料以 TXT 格式命名保存，声音、音乐以 WAV 或 MID 文件保存，超文本以 HTML 格式保存，图片以 BMP 或 JPG 格式保存，视频以 AVI 或 MPG 格式保存，动画以 GIF 格式保存。这些文件分别保存在相应的子目录下，其相对路径和文件名录入相应的属性数据库中。

四、空间数据库建立

（一）数据采集的工艺流程

在耕地资源数据库建设中，数据采集的精度直接关系到现状数据库本身的精度和今后的应用，数据采集的工艺流程是关系到耕地资源信息管理系统数据库质量的重要基础工作。因此，对数据的采集制定了一个详尽的工艺流程。首先，对收集的资料进行分类检查、整理与预处理；其次，按照图件资料介质的类型进行扫描，并对扫描图件进行扫描校正；再次，进行数据的分层矢量化采集、矢量化数据的检查；最后，对矢量化数据进行坐标投影转换与数据拼接工作以及数据、图形的综合检查和数据的分层与格式转换。

具体数据采集的工艺流程见图 2-5。

（二）图件数字化

1. 图件的扫描　由于所收集的图件资料为纸介质的图件资料，所以采用灰度法进行扫描。扫描的精度为 300dpi。扫描完成后将文件保存为 *.TIF 格式。在扫描过程中，为了能够保证扫描图件的清晰度和精度，对图件先进行预扫描。在预扫描过程中，检查扫描图件的清晰度，其清晰度必须能够区分图内的各要素，然后利用 Lontex Fss8300 扫描仪自带的 CAD image/scan 扫描软件进行角度校正，角度校正后必须保证图幅下方两个内图廓点的连线与水平线的角度误差小于 0.2°。

2. 数据采集与分层矢量化　对图形的数字化采用交互式矢量化方法，确保图形矢量化的精度。在耕地资源信息系统数据库建设中需要采集的要素有：点状要素、线状要素和面状要素。由于所采集的数据种类较多，所以必须对所采集的数据按不同类型进行分层采集。

（1）点状要素的采集：可以分为两种类型，一种是零星地类，另一种是注记点。零星地类包括一些有点位的点状零星地类和无点位的零星地类。对于有点位的零星地类，在数据的分层矢量化采集时，将点标记置于点状要素的几何中心点；对于无点位的零星地类在分层矢量化采集时，将点标记置于原始图件的定位点。农化点位、污染源点位等注记点的

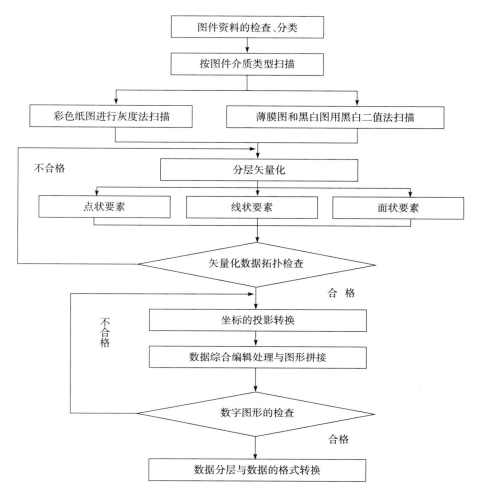

图 2-5　数据采集的工艺流程

采集按照原始图件资料中的注记点，在矢量化过程中一一标注相应的位置。

（2）线状要素的采集：在耕地资源图件资料上的线状要素主要有水系、道路、带有宽度的线状地物界、地类界、行政界线、权属界线、土种界、等高线等，对于不同类型的线状要素，进行分层采集。线状地物主要是指道路、水系、沟渠等，线状地物数据采集时考虑到有些线状地物，由于其宽度较宽，如一些较大的河流、沟渠，它们在地图上可以按照图件资料的宽度比例表示为一定的宽度，则按其实际宽度的比例在图上表示；有些线状地物，如一些道路和水系，由于其宽度不能在图上表示，在采集其数据时，则按栅格图上的线状地物的中轴线来确定其在图上的实际位置。对地类界、行政界、土种界和等高线数据的采集，保证其封闭性和连续性。线状要素按照其种类不同分层采集、分层保存，以备数据分析时进行利用。

（3）面状要素的采集：面状要素要在线状要素采集后，通过建立拓扑关系形成区后进行，由于面状要素是由行政界线、权属界线、地类界线和一些带有宽度的线状地物界等结状要素所形成的一系列的闭合性区域，其主要包括行政区、权属区、土壤类型区等图斑。所以，对于不同的面状要素，因采用不同的图层对其进行数据的采集。考虑到实际情况，将面状要素分为行政区层、地类层、土壤层等图斑层。将分层采集的数据分层保存。

（三）矢量化数据的拓扑检查

由于在矢量化过程中不可避免地要存在一些问题，因此，在完成图形数据的分层矢量化以后，要进行下一步工作时，必须对分层矢量化以后的数据进行矢量化数据的拓扑检查。在对矢量化数据的拓扑检查中主要是完成以下几方面的工作：

1. 消除在矢量化过程中存在的一些悬挂线段　在线状要素的采集过程中，为了保证线段完全闭合，某些线段可能出现相互交叉的情况，这些均属于悬挂线段。在进行悬挂线段的检查时，首先使用 MapGIS 的线文件拓扑检查功能，自动对其检查和清除，如果其不能自动清除，则对照原始图件资料进行手工修正。对线状要素进行矢量化数据检查完成以后，随即由作图员对矢量化的数据与原始图件资料相对比进行检查，如果在对检查过程中发现有一些通过拓扑检查所不能解决的问题，矢量化数据的精度不符合精度要求的，或者是某些线状要素存在一定的位移而难以校正的，则对其中的线状要素进行重新矢量化。

2. 检查图斑和行政区等面状要素的闭合性　图斑和行政区是反映一个地区耕地资源状况的重要属性，在对图件资料中的面状要素进行数据的分层矢量化采集中，由于图件资料中所涉及的图斑较多，在数据的矢量化采集过程中，有可能存在着一些图斑或行政界的不闭合情况，可以利用 MapGIS 的区文件拓扑检查功能，对在面状要素分层矢量化采集过程中所保存的一系列区文件进行适量化数据的拓扑检查。在拓扑检查过程中可以消除大多数区文件的不闭合情况。对于不能自动消除的，通过与原始图件资料的相互检查，消除其不闭合情况。如果通过对矢量化以后的区文件的拓扑检查，可以消除在矢量化过程中所出现的上述问题，则进行下一步工作，如果在拓扑检查以后还存在一些问题，则对其进行重新矢量化，以确保系统建设的精度。

（四）坐标的投影转换与图件拼接

1. 坐标转换　在进行图件的分层矢量化采集过程中，所建立的图面坐标系（单位为毫米），而在实际应用中，则要求建立平面直角坐标系（单位为米）。因此，必须利用 MapGIS 所提供的坐标转换功能，将图面坐标转换成为正投影的大地直角坐标系。在坐标转换过程中，为了能够保证数据的精度，可根据提供数据源的图件精度的不同，在坐标转换过程中，采用不同的质量控制方法进行坐标转换工作。

2. 投影转换　区级土地利用现状数据库的数据投影方式采用高斯投影，也就是将进行坐标转换以后的图形资料，按照大地坐标系的经纬度坐标进行转换，以便以后进行图件拼接。在进行投影转换时，对 1：10 000 土地利用图件资料，投影的分带宽度为 3°。但是根据地形的复杂程度，行政区的跨度和图幅的具体情况，对于部分图形采用非标准的 3°分带高斯投影。

3. 图件拼接　南郊区提供的 1：10 000 土地利用现状图是采用标准分幅图，在系统建设过程中应图幅进行拼接。在图斑拼接检查过程中，相邻图幅间的同名要素误差应小于 1毫米，这时移动其任何一个要素进行拼接，同名要素间距为 1～3 毫米的处理方法是将两个要素各自移动一半，在中间部分结合，这样图幅拼接完全满足了精度要求。

五、空间数据库与性属性据库的连接

MapGIS 系统采用不同的数据模型分别对性属性据和空间数据进行存储管理，属性数据采用关系模型，空间数据采用网状模型。两种数据的连接非常重要。在一个图幅工作单元 Coverage 中，每个图形单元由一个标识码来唯一确定。同时一个 Coverage 中可以若干个关系数据库文件即要素属性表，用以完成对 Coverage 的地理要素的属性描述。图形单元标识码是要素属性表中的一个关键字段，空间数据与属性数据以此字段形成关联，完成对地图的模拟。这种关联是 MapGIS 的两种模型连成一体，可以方便地从空间数据检索属性数据或者从属性数据检索空间数据。

对属性与空间数据的连接采用的方法是：在图件矢量化过程中，标记多边形标识点，建立多边形编码表，并运用 MapGIS 将用 Foxpro 建立的属性数据库自动连接到图形单元中，这种方法可由多人同时进行工作，速度较快。

第三章 耕地土壤属性

第一节 耕地土壤类型

一、土壤类型及分布

根据全国第二次土壤普查，汾西县土壤共分为两大土类，6个亚类，20个土属，29个土种，汾西县土壤分类系统见表3-1。

表3-1 汾西县土壤分类系统

土类	亚类	土 属	土 种	代号
褐土	淋溶褐土	黄土质淋溶褐土	中层黄土质淋溶褐土	1
	山地褐土	石灰岩质山地褐土	中层石灰岩质山地褐土	2
		黄土质山地褐土	厚层黄土质山地褐土	3
		耕种黄土质山地褐土	厚层耕种黄土质山地褐土	4
		红黄土质山地褐土	厚层红黄土质山地褐土	5
			中层红黄土质山地褐土	6
		耕种红黄土质山地褐土	厚层耕种红黄土质山地褐土	7
		红黄土质山地褐土	厚层红黄土质山地褐土	8
		耕种沟淤山地褐土	厚层耕种沟淤洪积山地褐土	9
		耕种洪积山地褐土	厚层耕种洪积山地褐土	10
	粗骨性褐土	砂页岩质粗骨性褐土	薄层砂页岩质粗骨性褐土	11
	褐土性土	黄土质褐土性土	轻壤中蚀黄土质褐土性土	12
			中壤重蚀黄土质褐土性土	13
		耕种黄土质褐土性土	轻壤耕种黄土质褐土性土	14
			轻壤中蚀耕种黄土质褐土性土	15
		红黄土质褐土性土	中壤中蚀红黄土质褐土性土	16
			中壤耕种红黄土质褐土性土	17
		耕种红黄土质褐土性土	中壤中蚀耕种红黄土质褐土性土	18
			中壤深位厚料姜层耕种红黄土质褐土性土	19
		耕种沟淤褐土性土	轻壤耕种沟淤褐土性土	20
			中壤耕种沟淤褐土性土	21
		耕种洪积褐土性土	中壤耕种洪积褐土性土	22
		耕种堆垫褐土性土	中壤耕种堆垫褐土性土	23

（续）

土类	亚类	土　　属	土　　种	代号
褐土	碳酸盐褐土	耕种黄土质碳酸盐褐土	轻壤浅位中黏化层耕种黄土质碳酸盐褐土	24
			轻壤浅位厚黏化层耕种黄土质碳酸盐褐土	25
			轻壤深位中黏化层耕种黄土质碳酸盐褐土	26
			轻壤深位厚黏化层耕种黄土质碳酸盐褐土	27
		耕种灌淤碳酸盐褐土	黏土耕种灌淤碳酸盐褐土	28
草甸土	浅色草甸土	耕种堆垫浅色草甸土	轻壤体沙耕种堆垫浅色草甸土	29

二、土壤类型特征及主要生产性能

（一）褐土

该类土壤分 5 个亚类，现分述如下：

1. 淋溶褐土　淋溶褐土主要分布在汾西县海拔 1 650 米以上的山区，土层浅薄，均为未开垦种植的自然土壤，自然植被生长茂密。主要有油松、杨树、槭树、桦树、山桃、山楂、苔藓、地衣等，地表覆盖度一般在 70％以上，阴坡覆盖度较阳坡多些。

植被生长较好，雨量充足，地表常有 5 厘米左右枯枝落叶层和半分解枯枝落叶。土壤终年湿润，碳酸盐淋溶作用强烈，土体几乎淋溶殆尽，只是在剖面底部有微弱的石灰反应。碳酸钙含量低于 1％，土壤呈中性至微酸性反应，pH 为 6.1～8.0。

本亚类划分为 1 个土属 1 个土种。

中层黄土质淋溶褐土，俗称黑土（代号 1）。主要分布于姑射山老爷顶一带，面积为35 674.5 亩，占总土地面积的 2.70％。

采样点为老爷顶南部阴坡、海拔为 1 725 米处，典型剖面形态特征如下：

0～5 厘米：枯枝落叶层。

5～10 厘米：半分解枯枝落叶层。

10～25 厘米：暗灰褐色，中壤，团粒状结构，湿润，疏松，植物根系多，无石灰反应。

25～46 厘米：暗灰褐色，中壤，碎块状结构，稍紧，中量植物根系，无石灰反应。

46～61 厘米：灰褐色，中壤，块状结构，紧实，石灰反应微弱。

61 厘米以下：为基岩。

中层黄土质淋溶褐土理化性状见表 3-2。

表 3-2　中层黄土质淋溶褐土理化性状

层次 （厘米）	有机质 （％）	全氮 （％）	全磷 （％）	pH	碳酸钙 （％）	代换量 （me/百克土）
10～25	2.69	0.134	0.030	6.1	0.2	10.3
25～46	2.11	0.102	0.028	7.8	0.9	18.0
46～61	1.57	0.082	0.028	8.0	10.0	17.8

该类型土壤分布较多，土层较厚，土质肥沃，土壤表层有机质含量最高达 6%。目前为林区，今后应继续发展林木生产。

2. 山地褐土 该土类汾西县面积为 466 713.33 亩，占总耕地面积的 35.37%。主要分布在海拔 900~1 200 米的山地上。上限为淋溶褐土，下限为褐土性土，有时呈复域分布。

山地褐土地势较淋溶褐土低，地表土壤侵蚀严重。主要植被有油松、山杨、侧柏、白草。

该土壤主要发育在黄土母质和石灰岩母质上，土层厚度受地表侵蚀和母质影响较大。土壤成土过程微弱，少部分剖面可见到黏粒移动现象，大部分剖面可见到数量不等、不同形态的碳酸盐淀积。一般都有石灰反应，土壤呈微碱性，pH 为 8.0~8.5。

根据母质类型和农业利用方式可分为 8 个土属。

（1）石灰岩质山地褐土：该土属只划分 1 个土种，中层石灰岩山地褐土（代号 2）。面积为 54 218.7 亩，占总面积的 4.11%。主要分布在勍香镇的成家庄、佃坪乡的要家岭、邢家要乡等地。

采样点为安掌洼村，偏西距离 1 306 米处，典型剖面形态特征如下：

0~4 厘米：半分解腐殖质层；

4~23 厘米：棕褐色，中壤，团粒状结构，疏松，湿润，植物根系多，石灰反应强烈。

23~32 厘米：灰褐色，重壤偏轻，核块状结构，紧实，中量植物根系，石灰反应强烈。

32~42 厘米：红褐色，重壤，核块状结构，坚实，湿润，石灰反应强烈。

42 厘米以下：为母岩半分化物。

中层石灰岩山地褐土理化性状见表 3-3。

表 3-3 中层石灰岩山地褐土理化性状

层次 （厘米）	有机质 （%）	全氮 （%）	全磷 （%）	pH	碳酸钙 （%）	代换量 （me/百克土）
4~23	1.98	0.115	0.044	8.2	13.7	16.0
23~32	1.28	0.083	0.060	8.2	23.3	14.6
32~42	0.97	0.072	0.038	8.1	30.3	26.2

（2）黄土质山地褐土：该土属主要分布在要家岭、东角、王屋等自然村。该土属只划分 1 个土种，厚层黄土质山地褐土，俗称黄土（代号 3），面积为 159 001.9 亩，占总面积的 12.05%。

采样点为佃坪乡郭家村南，典型剖面形态特征如下：

0~18 厘米：棕褐色，轻壤，屑粒状结构，疏松，湿润，植物根系多。

18~56 厘米：黄褐色，中壤偏轻，块粒状结构，稍紧，湿润，植物根系多。

56~99 厘米：浅黄褐色，轻壤，块状结构，紧实，多量丝状碳酸盐淀积。

99~120 厘米：黄褐色，中壤，块状结构，坚实，多量丝状碳酸盐淀积。

120～150厘米：灰褐色，中壤，块状结构，湿润。

通体石灰反应强烈。厚层黄土质山地褐土理化性状见表3-4。

表3-4　厚层黄土质山地褐土理化性状

层次 （厘米）	有机质 （%）	全氮 （%）	全磷 （%）	pH	碳酸钙 （%）	代换量 （me/百克土）
0～18	1.52	0.097	0.33	8.4	14.7	10.7
18～56	0.77	0.054	0.28	8.5	17.1	10.3
56～99	0.37	0.027	0.029	8.4	13.1	9.8
99～120	0.26	0.024	0.036	8.4	12.5	9.8
120～150	0.24	0.027	0.036	8.5	10.0	10.5

　　该土属土层深厚，侵蚀严重，自然植被多具旱生型，覆盖度较高，一般地表有2厘米左右枯枝落叶，土壤颜色棕褐—黄褐—灰褐。质地表层轻壤，新土层中壤，剖面中可见到多量碳酸盐淀积，通体石灰反应强烈。今后继续搞好经营林、护林工作。

　　（3）耕种黄土质山地褐土：该土属分布在佃坪乡、邢家要乡、勃香镇等乡（镇），多为梁峁、梯田和坡地。面积为116 835.5亩，占总面积的8.85%，是山区乡（镇）主要耕种土壤类型。土壤颜色为深褐色，质地轻壤—中壤；表土层以下有数量不等的点状碳酸盐淀积，同时有极微弱黏化出现，通体石灰反应强烈。

　　该土属只划分1个土种，厚层耕作土壤黄土质山地褐土，俗称黄绵土（代号4）。

　　采样点为佃坪乡正南1 200米处，典型剖面形态特征如下：

　　0～20厘米：黄褐色，轻壤，屑状结构，疏松，湿润，植物根系多，少量虫粪。

　　20～60厘米：浅黄褐色，中壤偏轻，块状结构，坚实，有少量丝状碳酸盐淀积。

　　60～109厘米：黄褐色，中壤，块状结构，紧实，湿润。

　　109～150厘米：浅黄褐色，中壤，棱块状结构，紧实，湿润。

　　通体石灰反应强烈。厚层耕作土壤黄土质山地褐土理化性状见表3-5。

表3-5　厚层耕作土壤黄土质山地褐土理化性状

层次 （厘米）	有机质 （%）	全氮 （%）	全磷 （%）	pH	碳酸钙 （%）	代换量 （me/百克土）
0～20	0.73	0.054	0.058	8.4	7.1	8.6
20～60	0.50	0.044	0.066	8.4	9.3	9.2
60～109	0.53	0.042	0.064	8.4	9.1	9.2
109～150	0.62	0.045	0.060	8.4	8.5	12.6

　　该土壤类型土层深厚，通气较好，耕作容易，宜耕期长。保肥保水性能好，土壤肥力不高，有机质含量为0.8%～1.5%，粮食亩产约50千克。凡坡度大于25°的耕地，应逐步退耕还林还牧，或开发修筑成梯田，培肥土壤，提高地力。

（4）红黄土质山地褐土：该土属零星分布在勍香林场、成家庄、大吉利、东角、院头等地。面积为83 810.5亩，占总面积的6.35%。本土属划分2个土种。

厚层红黄土质山地褐土，俗称红土（代号5）。面积为64 016.9亩，占总面积的4.85%。

中层红黄土质山地褐土，俗称红土（代号6）。面积为19 793.62亩，占总面积的1.50%。

上述2个土种剖面形态特征基本相似。

采样点为礼义掌村、海拔1 290米处梁顶部，典型剖面形态特征如下：

0～18厘米：红黄褐色，中壤，团状结构，疏松，多植物根系，少料姜，石灰反应强烈。

18～54厘米：暗红褐色，重壤，块状结构，土体紧实，植物根系多，石灰反应强烈。

54～72厘米：暗红褐色，重壤，核块状结构，土体紧实，植物根系中量，少量丝状盐分淀积，少料姜，石灰反应强烈。

72～108厘米：浅红褐色，重壤，核块状结构，土体紧实，湿润，石灰反应强烈。

108～150厘米：红褐色，重壤，核块状结构，多量丝状碳酸盐分淀积，少量砂姜，石灰反应强烈。

红黄土质山地褐土理化性状见表3-6。

表3-6　红黄土质山地褐土理化性状

层次（厘米）	有机质（%）	全氮（%）	全磷（%）	pH	碳酸钙（%）	代换量（me/百克土）	质地
0～18	1.47	0.118	0.024	8.3	3.2	10.3	中壤
18～54	1.26	0.102	0.022	8.3	5.4	19.5	重壤
54～72	0.99	0.102	0.024	8.3	5.0	16.8	重壤
72～108	0.37	0.065	0.020	8.3	4.8	18.1	重壤
108～150	0.25	0.054	0.018	8.2	3.3	19.5	重壤

该土发育在离石黄土母质上，由于表土剥蚀严重，红黄土母质裸露，土层厚薄受侵蚀影响较大，土体中夹有砂姜，适宜种树、种草、发展林、牧业。

（5）耕种红黄土质山地褐土：该土属只划分1个土种，厚层耕种红黄土质山地褐土，俗称小红土（代号7），面积为28 282.86亩，占普查面积的2.14%。

采样点为前沟村，典型剖面形态特征如下：

0～18厘米：浅黄褐色，中壤，屑状结构，土体疏松，少量碳渣，石灰反应强烈。

18～60厘米：黄褐色，中壤偏轻，块状结构，土体稍紧，中量植物根系，少量虫类，石灰反应强烈。

60～100厘米：浅红褐色，中壤，核块状结构，土体紧实，石灰反应强烈。

100～150厘米：浅红褐色，重壤，核块状结构，少虫粪，土体紧实，石灰反应强烈。

厚层耕种红黄土质山地褐土理化性状见表3-7。

表 3 - 7　厚层耕种红黄土质山地褐土理化性状

层次 （厘米）	有机质 （％）	全氮 （％）	全磷 （％）	pH	碳酸钙 （％）	代换量 （me/百克土）
0～18	0.81	0.071	0.054	8.2	14.5	9.6
18～60	0.47	0.040	0.036	8.4	15.4	9.9
60～100	0.30	0.029	0.036	8.4	14.2	11.1
100～150	0.44	0.040	0.038	8.4	15.5	12.5

该土层深厚，颜色红褐色，表土质地中壤，向下黏粒含量增加逐渐致密黏板。物理性状不良，但抗蚀力强，在生产中耕作困难，耕后板结，但发老苗。由于土壤流失，地面有沟蚀现象，今后应加强农田基础建设，改良土壤物理性状，保持水土。

（6）红土质山地褐土：该土属只划分 1 个土种，厚层红土质山地褐土，俗称老红土（代号 8）。面积为 5 260.76 亩，占总面积的 0.40％。主要分布在佃坪、山云、圪台头和白衣等地。

采样点为白衣村、海拔为 1 170 米处，典型剖面形态特征如下：

0～17 厘米：棕褐色，中壤，棱块状结构，土体稍紧，植物根系中量，石灰反应微弱。

17～48 厘米：暗红褐色，重壤，核块状结构，土体坚实，有中量的黑色铁锰胶膜，石灰反应微弱。

48～83 厘米：棕褐色，重壤，核块状结构，土体紧实，有中量的黑色胶膜，石灰反应微弱。

83～110 厘米：浅红褐色，重壤偏轻，核块状结构，土体坚硬，石灰反应微弱。

110～150 厘米：红褐色，重壤偏轻，土体坚硬，少量的黑色胶膜，石灰反应微弱。

厚层红土质山地褐土理化性状见表 3 - 8。

表 3 - 8　厚层红土质山地褐土理化性状

层次 （厘米）	有机质 （％）	全氮 （％）	全磷 （％）	pH	碳酸钙 （％）	代换量 （me/百克土）
0～17	2.31	0.149	0.038	8.2	0.6	20.9
17～48	0.35	0.038	0.022	8.2	0.07	1 939
48～83	0.23	0.029	0.018	8.3	0.2	21.5
83～110	0.11	0.042	0.303	8.2	0.03	21.5
110～150	0.09	0.027	0.024	8.2	0.02	22.4

该土壤棱块状结构，质地中壤—重壤，沿土壤孔隙裂缝有黑色铁锰胶膜出现，石灰反应极微。农业难以利用，适合发展林牧。

（7）耕种沟淤山地褐土：该土属沟谷山洪携带肥沃土壤，由洪水流至平缓处或经人工打坝拦蓄沉积淤积而形成土壤，俗称二色土。

该土属只划分 1 个土种，厚层耕种淤沟山地褐土（代号 9）。面积为 16 555.9 亩，占总面积的 1.26％，主要分布在师家崖、暖泉头、郝家沟等地。

采样点为礼义掌村海拔 1 170 米处，典型剖面形态特征如下：

0～17 厘米：灰褐色，轻壤，碎块状结构，疏松，土体湿润，夹有少量小砾石。

17～62 厘米：深灰褐色，中壤，块状结构，土体稍紧，潮湿，中量植物根系。

62～100 厘米：浅红褐色，中壤，块状结构，紧实。

100～150 厘米：红褐色，中壤偏重，块状结构，少料姜。

厚层耕种淤沟山地褐土理化性状见表 3-9。

表 3-9　厚层耕种淤沟山地褐土理化性状

层次 （厘米）	有机质 （%）	全氮 （%）	全磷 （%）	pH	碳酸钙 （%）	代换量 （me/百克土）
0～17	0.98	0.071	0.044	8.2	5.8	8.1
17～62	0.69	0.055	0.038	8.4	6.0	16.4
62～100	0.45	0.047	0.038	8.3	7.4	16.4
100～150	0.31	0.039	0.034	8.3	5.2	17.0

该土壤沉积层次明显，沙黏相间，土体中有少量砾石，土壤颜色发暗，质地偏中。一般耕性良好，水分充足，土壤温度低，施肥管理水平较高，土壤肥沃，是山区高产农田。

（8）耕种洪积山地褐土：该土属主要分布在佃坪河两岸，俗称淤土（代号 10）。面积为 2 817.9 亩，占总面积的 0.21%。

采样点为佃坪村海拔 1 150 米处，典型剖面形态特征如下：

0～20 厘米：浅褐色，轻壤，屑粒状结构，土体疏松，湿润，多植物根系。

20～65 厘米：黄褐色，轻壤，块状结构，土体紧实，潮湿，有少量炭块。

65～105 厘米：浅黄色，轻壤，块状结构，土体紧实，潮湿。

105～150 厘米：灰褐色，轻壤，块状结构，潮湿，少量炭块。

通体石灰反应强烈。耕种洪积山地褐土理化性状见表 3-10。

表 3-10　耕种洪积山地褐土理化性状

层次 （厘米）	有机质（%）	全氮（%）	全磷（%）	pH	碳酸钙（%）	代换量 （me/百克土）
0～20	1.37	0.092	0.050	8.2	4.4	13.0
20～65	0.60	0.056	0.049	8.4	4.4	12.1
65～105	0.52	0.045	0.044	8.5	5.2	11.6
105～150	0.61	0.051	0.054	8.2	6.9	10.6

该土属由洪水淤积而成，后被人们垦殖农用，有较明显淤积、沉淀层次，土层厚薄不一，土壤质地不均，沙黏相间，土壤肥沃，易耕作，是当地高产地块。

3. 粗骨性褐土　该亚类土壤是自然植被遭受破坏，地表受到严重侵蚀，表土丧失，砾石占据整个土体，砾石含量达 50%～70%。土层浅薄，发育层次不明显，地表生长一些稀疏矮小的酸枣、荆条、白草类等植被，多为荒坡。

该亚类只包括 1 个土属，砂页岩质粗骨性褐土；1 个土种，薄层砂页岩质粗骨性褐土，俗称粗沙土（代号 11）。面积为 120 109.78 亩，占总面积的 9.10％，主要分布在五龙山、申村、加楼河沿岸等地。

采样点为申村后河荒坡，典型剖面形态特征如下：

0～8 厘米：灰褐色，沙壤，粒块状结构，土体疏松，植物根系多，少砂石，石灰反应强烈。

8～16 厘米：黄褐色，沙壤，粒状结构，土体疏松，多植物根系，多砂石，石灰反应强烈。

16～38 厘米：为砂页岩半风化物。

38 厘米以下：为母岩。

薄层砂页岩质粗骨性褐土理化性状见表 3-11。

表 3-11 薄层砂页岩质粗骨性褐土理化性状

层次（厘米）	有机质（％）	全氮（％）	全磷（％）	pH	碳酸钙（％）	代换量（me/百克土）
0～8	0.68	0.048	0.124	8.5	4.1	7.6
8～16	0.50	0.042	0.012	8.5	4.5	6.2

该土壤农业难以利用，今后应封山、封沟、栽植耐瘠薄、旱生草类植被，增加地表覆盖度。固坡护土，为畜牧业发展开阔前景。

4. 褐土性土 该亚类土壤是汾西县的主要土壤类型，广泛分布在全县各乡（镇），峁、沟及部分残存垣地地形部位上也有分布。面积为 676 516.62 亩，占总面积的 52.79％。

该土壤一般土层深厚，疏松多孔，富含碳酸钙，通体石灰反应强烈，呈微碱性反应，碳酸钙含量为 11％～20％，pH 为 8.1～8.5。一般土壤质地黏重，土体紧实，自然植被生长稀疏，多被农作物代替。只有在田埂、地垄及部分荒坡生长一些旱生酸枣、山桃、荆条、白草、苦苦菜等。种植作物主要是小麦、玉米、豆类、山药等。

由于植被覆盖度较差，母质抗蚀力弱，地面受地表水、风频繁侵蚀、切割，故形成梁峁起伏、沟壑纵横。土壤发育微弱，剖面形态无明显发育特征，心土层可见到数量不等、形态各异碳酸盐淀积。土体夹有料姜。

该褐土性土地区，常年气温偏高，年平均气温 10.1℃，降水偏少，年降水量 510 厘米左右。气候干燥，土体长期干旱缺水，物理风化强烈。土壤有机质分解，积累很少，自然土壤有机质含量为 1％～2％。农业土壤有机质含量 1％左右，是汾西县褐土性土产量徘徊不前的根本原因。汾西县褐土性土共分为 7 个土属。

（1）黄土质褐土性土：该土属分 2 个土种，为轻壤中蚀黄土质褐土性土和中壤重蚀黄土质褐土性土。

①轻壤中蚀黄土质褐土性土。俗称绵土（代号 12）。面积为 203 337.65 亩，占总面积的 15.41％。主要分布在芦家垣、郭家村、塔上、诸神沟、柏乐、洪垣、福洼庄等地的荒坡沟壑地带及部分弃耕土地上。

采样点为柏乐村海拔 1 120 米处，典型剖面形态特征如下：

0~18 厘米：浅褐色，轻壤，屑粒状结构，土体疏松，多植物根系。

18~49 厘米：黄褐色，轻壤，土体稍紧，多植物根系。

49~87 厘米：浅黄褐色，轻壤，块状结构，土体紧实，植物根系中量。

87~116 厘米：浅灰褐色，轻壤，块状结构，土体紧实，少量丝状碳酸盐淀积。

116~150 厘米：浅灰色，轻壤，块状结构，土体紧实，湿润。

通体石灰反应强烈。轻壤中蚀黄土质褐土性土理化性状见表 3-12。

表 3-12 轻壤中蚀黄土质褐土性土理化性状

层次 （厘米）	有机质（％）	全氮（％）	全磷（％）	pH	碳酸钙（％）	代换量 （me/百克土）
0~18	0.71	0.049	0.039	8.4	11.3	12.1
18~49	0.25	0.025	0.038	8.5	12.1	10.1
49~87	0.22	0.020	0.044	8.4	10.8	9.0
87~116	0.18	0.021	0.044	8.4	11.5	8.4
116~150	0.16	0.021	0.044	8.4	11.0	8.1

该土壤土层深厚，土体疏松，土壤颜色以黄褐色为主，通体轻壤，心土层以下可见到少量丝状碳酸盐淀积物，通体石灰反应强烈。

②中壤重蚀黄土质褐土性土。俗称黄绵土（代号 13），面积为 118 498.68 亩，占总面积的 8.98％。

该土种土壤主要分布于关致运河南部及沟壑、任马庄、细上、麻姑头、杨木山等地的荒沟、荒坡地带。

采样点为沟堡村偏西海拔 780 米处，典型剖面形态特征如下：

0~15 厘米：黄褐色，中壤，块状结构，土体稍紧，植物根系多，石灰反应强烈。

15~30 厘米：浅黄褐色，中壤，块状结构，土体紧实。

30 厘米以下：为基岩。

中壤重蚀黄土质褐土性土理化性状见表 3-13。

表 3-13 中壤重蚀黄土质褐土性土理化性状

层次 （厘米）	有机质（％）	全氮（％）	全磷（％）	pH	碳酸钙（％）	代换量 （me/百克土）
0~15	0.46	0.031	0.040	8.5	19.8	5.9
15~30	0.34	0.025	0.030	8.6	40.8	5.4

该土壤植被覆盖度极低，土层剥蚀严重，土层极薄，厚度一般都低于 30 厘米，其下为基岩。农业难以利用，适合发展牧坡，一则保持水土，二则为畜牧业发展创造条件。

（2）耕种黄土质褐土性土：该土属是汾西县主要农业土壤类型，主要分布在团柏乡、僧念镇、永安镇、勍香镇、和平镇等乡（镇）。本土属依据侵蚀程度划分为 2 个土种。

①轻壤耕种黄土质褐土性土。俗称白绵土（代号 14），面积为 222 102.9 亩，占总面积的 16.83％。

②轻壤中蚀耕种黄土质褐土性土。俗称白绵土（代号 15），面积为 33 396.36 亩，占总面积的 2.53％。

上述 2 个土壤类型形态特征基本相似。

采样点为南庄村海拔 810 米处，典型剖面形态特征如下：

0～20 厘米：暗灰褐色，轻壤，屑粒状结构，土体疏松，湿润，植物根系多量。

20～45 厘米：浅灰褐色，轻壤，块状结构，土体紧实，植物根系中量。

45～70 厘米：灰褐色，轻壤，土体紧实，少量点状碳酸盐淀积。

70～106 厘米：浅灰褐色，轻壤，块状结构，土体湿润。

106～150 厘米：黄褐色，轻壤，块状结构，少量虫类。

通体石灰反应强烈。耕种黄土质褐土性土理化性状见表 3-14。

表 3-14 耕种黄土质褐土性土理化性状

层次 （厘米）	有机质（%）	全氮（%）	全磷（%）	pH	碳酸钙（%）	代换量 （me/百克土）
0～20	0.57	0.046	0.058	8.4	11.4	7.8
20～45	0.29	0.028	0.065	8.5	11.4	7.6
45～70	0.34	0.026	0.070	8.5	11.4	10.0
70～106	0.33	0.029	0.064	8.5	11.4	7.2
106～150	0.41	0.031	0.062	8.4	10.3	7.2

该土壤深厚，颜色为灰褐色，通体轻壤，土壤发育微弱，心土层有少量碳酸盐淀积，石灰反应强烈。在生产上易耕作，好捉苗，物理性好，吃水快，蒸发大；土壤长期干旱缺水，土壤肥力较底，有机质为 1% 左右。今后应注意培肥土壤，增加土壤有机质含量，改善土壤结构，精耕细作蓄水保墒，以肥调水提高土壤肥力。

（3）红黄土质褐土性土：该土属划分 1 个土种，中壤中蚀红黄土质褐土性土，俗称红土（代号 16），面积为 29 591.79 亩，占总面积的 2.24%。

该土属在汾西县呈零星分布，主要分布在瓦仑坪南部、郝家沟、洪南庄南部荒坡。

采样点为独堆村、郝家沟村村东海拔 1 060 米处，典型剖面形态特征如下：

0～22 厘米：浅红褐色，中壤，屑粒状结构，土体疏松，植物根系多，少量料姜。

22～51 厘米：浅黄褐色，中壤，块状结构，土体紧实，植物根系多，石灰反应强烈。

51～85 厘米：黄褐色，中壤，棱块状结构，土体紧实，少量料姜，石灰反应强烈。

85～115 厘米：浅红褐色，中壤，棱块状结构，土体坚实，石灰反应强烈。

115～150 厘米：红黄色，中壤，棱块状结构，土体坚实，石灰反应强烈。

中壤中蚀红黄土质褐土性理化性状见表 3-15。

表 3-15 中壤中蚀红黄土质褐土性理化性状

层次 （厘米）	有机质（%）	全氮（%）	全磷（%）	pH	碳酸钙（%）	代换量 （me/百克土）
0～22	0.61	0.044	0.048	8.1	5.4	16.7
22～51	0.75	0.052	0.044	8.2	6.8	16.2
51～85	0.15	0.027	0.052	8.2	5.3	16.8
85～115	0.15	0.031	0.042	8.2	2.2	17.4
115～150	0.28	0.049	0.034	8.3	1.0	17.4

该土壤分布范围由于坡度较大，植被覆盖度差，表土剥蚀严重，红黄母质裸露。农业生产不宜利用，适宜发展牧业。

（4）耕种红黄土质褐土性土：该土属土壤为农业用地，多为坡地。土壤质地中壤，土质黏重，土层一般较厚，土体干旱缺水，通透性差，生物活动微弱。颜色为红褐色，棱块状结构，心土层附近有少量丝状碳酸盐淀积，土体紧实，夹有少量料姜，石灰反应强烈。碳酸钙含量8%～20%，呈微碱性反应，pH为8.2～8.3。该土属划分为3个土种。

①中壤耕种红黄土质褐土性土（代号17），面积为11 139.78亩，占总面积的0.84%。

②中壤中蚀耕种红黄土质褐土性土（代号18），面积为3 269.2亩，占总面积的0.25%。

③中壤深位厚料姜层耕种红黄土质褐土性土（代号19），面积为1 166.8亩，占总面积的0.09%。

上述3个土种的土壤主要分布在加楼、团柏、和平、康和、僧念等地，其形态特征基本相似。

采样点为阎家庄村东海拔1 277米处，典型剖面形态特征如下：

0～20厘米：灰褐色，中壤，屑粒状结构，土体疏松，植物根系多。

20～65厘米：棕褐色，中壤，棱块状结构，土体紧实，湿润，中量丝状碳酸盐淀积。

65～105厘米：红褐色，质地中壤，棱块状结构，土体紧实，多量丝状碳酸盐淀积。

105～150厘米：红褐色，中壤，核块状结构，土体坚实，多量丝状碳酸盐淀积。

通体反应石灰反应强烈。耕种红黄土质褐土性土理化性状见表3-16。

表3-16　耕种红黄土质褐土性土理化性状

层次（厘米）	有机质（%）	全氮（%）	全磷（%）	pH	碳酸钙（%）	代换量（me/百克土）
0～20	1.27	0.084	0.038	8.2	8.3	15.3
20～65	0.47	0.034	0.036	8.4	10.4	12.9
65～105	0.35	0.037	0.032	8.3	8.0	16.2
105～150	0.23	0.029	0.022	8.3	4.2	21.5

该土壤在生产上，耕作困难，耕后起坷垃，宜耕期较短，物理性状差，但保肥性能良好。今后应多施有机肥，改良土壤物理性状，提高地力，因地制宜整修土地，防止水土流失。

（5）耕种沟淤褐土性土：该土属土壤是由洪水携带沟谷上游两岸肥沃土壤沉淀形成的土壤，后经人工闸谷打坝拦蓄、灌淤，土层逐渐加厚。土质较肥，土壤沉积层次明显。由于母质来源不同，土壤质地轻壤—中壤，土壤颜色暗色，俗称二色活漫土。

该土属根据表层质地差异可分为2个土种。

①轻壤耕种沟淤褐土性土（代号20），面积为31 878.14亩，占总面积的2.42%。

②中壤耕种沟淤褐土性土（代号21），面积为7 088.92亩，占总面积的0.54%。

该土属主要分布在马沟、秋堰、白家河、西河、塔上、堡落等地的沟谷中。

采样点为秋堰村、海拔1 100米处，典型剖面形态特征如下：

0～22厘米：黄褐色，中壤，屑粒状结构，土体湿润，疏松，植物根系多，少量碳块。

22～70厘米：灰褐色，轻壤偏中，块状结构，土体稍紧，湿润。

70～118厘米：浅棕褐色，轻壤偏中，块状结构，土体紧实，湿润。

118～150厘米：黄褐色，轻壤，土体紧实，湿润。

通体反应石灰反应强烈。耕种沟淤褐土性土理化性状见表3-17。

表3-17　耕种沟淤褐土性土理化性状

层次 （厘米）	有机质（%）	全氮（%）	全磷（%）	pH	碳酸钙（%）	代换量 （me/百克土）
0～22	1.01	0.069	0.052	8.4	7.2	11.0
22～70	1.15	0.077	0.058	8.4	6.8	11.1
70～118	0.72	0.045	0.057	8.5	8.8	9.9
118～150	0.50	0.039	0.052	8.5	9.2	9.3

该土壤在生产上，耕作性能良好，耐旱不耐涝，施肥管理水平高，土壤肥沃，有机质为1%～2%，是该县粮田之精华。今后应加固垄堰，疏通排灌渠道，提高科学种田水平，建设成稳产高产种粮基地。

（6）耕种洪积褐土性土：该土属的成土过程是由山洪搬运泥沙流至河谷较宽地带山谷沉积、淤积而成。后经人们开垦为农田，其成土时间短，土体发育微弱，看不到黏化现象出现。由于土壤母质较为复杂，土壤层次较明显，质地轻壤—中壤。土壤颜色混杂，多为黄褐色或灰褐色。

本土属只划分1个土种，为中壤耕种洪积褐土性土，俗称绵垆土（代号22）。面积为7 859.45亩，占普查面积的0.6%，主要分布在勋香镇、对竹镇等沿河两岸的村庄。

采样点为新安村河谷，典型剖面形态特征如下：

0～15厘米：浅灰褐色，中壤，屑粒状结构，疏松，植物根系多，有少量碳块。

15～50厘米：浅灰褐色，中壤，块状结构，土体稍紧，土体湿润。

50～87厘米：灰褐色，中壤偏轻，块状结构，土体紧实，少量霜状碳酸盐淀积。

87～123厘米：浅灰褐色，中壤，块状结构，土体稍紧，少量虫类。

123～150厘米：灰褐色，轻壤，块状结构，少量霜状碳酸盐淀积。

通体反应石灰反应强烈。中壤耕种洪积褐土性土理化性状见表3-18。

表3-18　中壤耕种洪积褐土性土理化性状

层次 （厘米）	有机质（%）	全氮（%）	全磷（%）	pH	碳酸钙（%）	代换量 （me/百克土）
0～15	0.95	0.065	0.050	8.3	5.8	12.1
15～50	0.60	0.054	0.050	8.1	5.9	11.8
50～87	0.60	0.050	0.044	8.4	6.2	12.7
87～123	0.61	0.074	0.046	8.3	6.5	13.2
123～150	0.47	0.036	0.044	8.3	6.7	11.3

该土壤物理性能良好，在生产上疏松好耕，宜耕期长，耕后无板结。地势一般平缓，多靠近村庄，耕作管理水平高，适宜种作物较广泛，土体肥沃，有机质含量为1%～1.5%，是当地高产土壤。但是肥源缺乏，土壤基础肥力不高，土体干旱，部分地块土层浅薄，仍是生产上不利因素。今后应抓紧农田建设，实行科学种田，培肥地力，加厚土层，增设排灌设施，防旱抗旱，是保证农业丰收的植物根系。

（7）耕种堆垫褐土性土：该土属只有1个土种，中壤耕种堆垫褐土性土，俗称堆垫土（代号23）。面积为748.51亩，占总面积的0.06%。主要分布在独堆至康和的沟谷中。

采样点为独堆村，典型剖面形态特征如下：

0～20厘米：浅黄褐色，中壤，屑粒状结构，土体疏松，植物根系多，湿润，石灰反应强烈。

20～70厘米：黄褐色，中壤，碎块状结构，土体稍紧，有少量的蚯蚓粪，石灰反应强烈。

70～150厘米：黄褐色，中偏轻，土体紧实，块状，湿润，石灰反应强烈。

中壤耕种堆垫褐土性土理化性状见表3－19。

表3－19　中壤耕种堆垫褐土性土理化性状

层次（厘米）	有机质（%）	全氮（%）	全磷（%）	pH	碳酸钙（%）	代换量（me/百克土）
0～20	0.77	0.059	0.042	8.5	7.1	13.1
20～70	0.47	0.037	0.044	8.5	7.3	11.3
70～150	0.20	0.029	0.038	8.4	7.6	11.0

该土壤是农田建设中人们闸谷、打坝、搬土造地过程中建设起来的农业土壤，基堆垫厚度一般都在50厘米以上。土壤颜色混杂，以红黄色为主。质地不均，多为中壤，土壤多靠近村庄，施肥比较方便，施肥量较多。以种植玉米为主，一年一作，亩产玉米400～600千克。

5. 碳酸盐褐土　该亚类土壤是汾西县地带性土壤，主要分布在残存的大垣上及河流阶地，面积为19 395.45亩，占总面积的1.46%。该亚类土壤垦殖历史悠久，是汾西县古老的农业土壤，俗称绵垆土，其形成特点是：

第一，该土所处地形平坦、宽阔，侵蚀轻微；土层深厚，表层疏松，好耕，富含碳酸钙；表层碳酸钙含量在10%左右，心土层含量高于表土层，石灰反应强烈，呈微碱性反应。pH为8.2～8.4；整个土体上松下紧，属"蒙金型"，保水保肥性能良好，既发小苗又发老苗，是比较理想的农业土壤。

第二，该县属于暖温带大陆气候，四季分明。冬季寒冷干燥，春季干旱多风，夏季气温较高，雨量集中，秋季常有连阴雨，高温高湿同时出现。在这种气候条件下，土壤上层水、热变化幅度较大，但下层土土壤水热状况比较稳定，土壤残积黏化过程作用强烈，再加上淋溶过程的影响，因而形成黏化层和钙积层。从剖面状态可以看到，该褐土性土有明显的发育特征。土壤颜色呈灰褐色—棕褐色，土壤质地轻壤—中壤—轻壤，在40厘米以内有大量植被植物根系，向下逐渐减少。

第三，该类土壤靠近村庄，农业生产条件较好，精耕细作，施肥量大，土壤熟化度高，土壤比较肥沃，有机质含量为 1%～2%。但因历年重用轻养，氮多磷少，导致土壤养分失调，土壤肥力下降，出现恶性循环，妨碍农业生产发展。

该亚类土壤包括 2 个土属：

（1）耕种黄土质碳酸盐褐土：该土属面积为 17 436.09 亩，占总面积的 1.32%。主要分布在店头、府底、后义等地。该土属根据黏化层出现部位和厚度分为 4 个土种：

①轻壤浅位中黏化层耕种黄土质碳酸盐褐土（代号 24），面积为 10 545.32 亩，占总面积的 0.80%。

②轻壤浅位厚黏化层耕种黄土质碳酸盐褐土（代号 25），面积为 858.59 亩，占总面积的 0.07%。

③轻壤深位中黏化层耕种黄土质碳酸盐褐土（代号 26），面积为 1 893.3 亩，占总面积的 0.14%。

④轻壤深位厚黏化层耕种黄土质碳酸盐褐土（代号 27），面积为 4 138.88 亩，占总面积的 0.31%。

上述 4 个土种的土壤类型形态特征基本相似。

采样点为马沟村谷干角村，典型剖面形态特征如下：

0～17 厘米：灰褐色，轻壤，屑粒状结构，土体疏松，植物根系多，有少量碳块。

17～28 厘米：暗灰褐色，轻壤，块状结构，土体紧实。

28～76 厘米：棕褐色，中壤，块状结构，土体紧实，中量霜状碳酸盐淀积。

76～124 厘米：黄褐色，中壤偏轻，块状结构，土体紧实，少量霜状碳酸盐淀积。

124～150 厘米：浅黄褐色，轻壤，块状结构，土体紧实，少量点状碳酸盐淀积。

通体反应石灰反应强烈。耕种黄土质碳酸盐褐土理化性状见表 3-20。

表 3-20　耕种黄土质碳酸盐褐土理化性状

层次（厘米）	有机质（%）	全氮（%）	全磷（%）	pH	碳酸钙（%）	代换量（me/百克土）
0～17	1.50	0.087	0.056	8.2	6.5	10.1
17～28	1.43	0.036	0.052	8.4	6.3	10.4
28～76	0.56	0.049	0.034	8.4	2.8	13.1
76～124	0.42	0.034	0.046	8.4	14.6	9.8
124～150	0.25	0.021	0.040	8.4	13.1	8.5

该土属土壤土层深厚，质地适中，耕作容易，宜耕期长，土体上虚下实，保蓄水肥性能良好。土壤有机质含量为 1%～1.5%，生产水平较高，亩产小麦 200～300 千克。但土体干旱缺水，土壤氮、磷养分失调，属生产中不利因素。应积极推广旱作农业技术，科学施肥，改善土壤养分供应条件。

（2）耕种灌淤碳酸盐褐土：该土属只分 1 个土种，黏土耕种灌淤碳酸盐褐土，俗称黏垆土（代号 28），面积为 1 959.36 亩，占总面积的 0.14%。

该土壤分布在团柏河二级阶地，成土母质是由洪水灌溉逐年淤积起来，灌淤厚度一般超过 30 厘米。质地黏重，湿润，土壤物理性状差，通透性不良，生物活动微弱。土壤肥沃，有机质含量为 1.5%～2%。

采样点为枣坪村，典型剖面形态特征如下：

0～21 厘米：灰褐色，黏土，块状结构，土体紧实，潮湿，植物根系多，少量碳块。

21～46 厘米：灰褐色，黏土，棱块状结构，土体坚实，土体湿润，少量虫粪和灰渣。

46～80 厘米：灰褐色，重壤，核块状结构，土体紧实，潮湿。

80～113 厘米：浅黄褐色，重壤，核块状结构，潮湿。

113～150 厘米：黄褐色，重壤，土体紧实，核块结构，潮湿。

通体反应石灰反应强烈。黏土耕种灌淤碳酸盐褐土理化性状见表 3-21。

表 3-21 黏土耕种灌淤碳酸盐褐土理化性状

层次 （厘米）	有机质（%）	全氮（%）	全磷（%）	pH	碳酸钙（%）	代换量 （me/百克土）
0～21	1.50	0.097	0.056	8.1	10.0	18.7
21～46	1.08	0.084	0.050	8.2	10.8	19.9
46～80	0.77	0.065	0.058	8.2	9.1	18.5
80～113	0.66	0.058	0.044	8.3	8.7	17.8
113～150	0.66	0.054	0.046	8.3	8.1	15.8

该土壤在生产上耕作困难，宜耕期较短，耕层坷垃多，捉苗困难，但后劲足。今后应增施秸秆肥、骡马肥等肥料，改良土壤结构，调节土壤水气热状况。

（二）草甸土

浅色草甸土 浅色草甸土是汾西县草甸土的 1 个亚类。主要分布在汾西县团柏河下游两岸的高河漫滩和一级阶地。团柏河一般没有流水，只是在夏季有短时期洪水，土壤形成受地下水影响很小，没有草甸化特征，为近代河流沉淀物，加之人工堆垫，为耕种堆垫浅色草甸土 1 个土属，是近年在农田建设过程中搬土造地堆垫起来的一种土壤。根据表层质地和障碍层次划分为轻壤体沙耕种堆垫浅色草甸土 1 个土种（代号 29），俗称垫土壤，面积很小为 550.2 亩，占全县总土壤面积 0.04%。

采样点为滩里村河滩地，典型剖面形态特征如下：

0～13 厘米：灰褐色，轻壤，屑粒状结构，土体疏松，植物根系多。

13～28 厘米：灰褐色，轻壤，粒块状结构，土体稍紧，中量植物根系。

28～45 厘米：黄褐色，中壤，块状结构，土体紧实。

45～55 厘米：灰褐色，沙壤，块状结构，土体疏松。

55 厘米以下：为砾石层。

通体反应石灰反应强烈。轻壤体沙耕种堆垫浅色草甸土理化性状见表 3-22。

表 3 - 22　轻壤体沙耕种堆垫浅色草甸土理化性状

层次（厘米）	有机质（％）	全氮（％）	全磷（％）	pH	碳酸钙（％）	代换量（me/百克土）
0～13	0.79	0.069	0.042	8.2	9.3	13.5
13～28	0.87	0.049	0.044	8.4	8.4	11.0
28～45	0.41	0.042	0.048	8.4	7.7	12.6
45～55	0.52	0.031	0.048	8.4	9.2	7.0

该土壤在成土过程中，受地下水影响较小，成土时间短，土体发育微弱，没有草甸化过程。土层一般不厚，下部为砾石层。土壤肥力水平较低，漏肥漏水，土壤养分含量偏低，易受干旱威胁。今后在生产中应引洪灌淤，加厚土层，培肥地力。

第二节　耕地土壤有机质及大量元素

土壤有机质、全氮、有效磷、速效钾等以《山西省耕地土壤养分含量分级参数表》为标准各分 6 个级别，见表 3 - 23。

表 3 - 23　山西省耕地土壤有机质和大量元素分级标准

级别	一级	二级	三级	四级	五级	六级
有机质（克/千克	＞25.00	20.01～25.00	15.01～20.00	10.01～15.00	5.01～10.00	≤5.00
全氮（克/千克）	＞1.50	1.201～1.50	1.001～1.200	0.751～1.000	0.501～0.750	≤0.50
有效磷（毫克/千克）	＞25.00	20.01～25.00	15.1～20.0	10.1～15.0	5.1～10.0	≤5.0
速效钾（毫克/千克）	＞250	201～250	151～200	101～150	51～100	≤50
缓效钾（毫克/千克）	＞1 200	901～1 200	601～900	351～600	151～350	≤150

一、含量与分布

1. 有机质　汾西县耕地土壤有机质含量变化范围为 7.3～28.1 克/千克，平均值为 14.1 克/千克。

（1）不同行政区域：永安镇有机质平均值为 14.5 克/千克，含量变化范围为 7.3～23.6 克/千克；对竹镇有机质平均值为 14.0 克/千克，含量变化范围为 8.8～21.3 克/千克；勍香镇有机质平均值为 15.8 克/千克，含量变化范围为 10.3～28.2 克/千克；和平镇有机质平均值为 13.3 克/千克，含量变化范围为 8.2～18.6 克/千克；僧念镇有机质平均值为 13.5 克/千克，含量变化范围为 7.3～20.7 克/千克；佃坪乡有机质平均值为 14.8 克/千克，含量变化范围为 7.9～24.0 克/千克；团柏乡有机质平均值为 13.9 克/千克，含量变化范围为 8.8～23.3 克/千克；邢家要乡有机质平均值为 12.6 克/千克，含量变化范围为 8.5～19.3 克/千克；汾西林场有机质平均值为 15.1 克/千克，含量变化范围为 11.7～18.3 克/千克。

（2）不同地形部位：黄土丘陵区有机质平均值为 13.4 克/千克，含量变化范围为 7.3～23.3 克/千克；山地有机质平均值为 14.6 克/千克，含量变化范围为 7.9～28.2 克/千克；黄土台垣区有机质平均值为 14.1 克/千克，含量变化范围为 7.6～23.6 克/千克；河川谷地有机质平均值为 15.7 克/千克，含量变化范围为 10.7～20.0 克/千克。

（3）不同土壤类型（主要土属）：堆垫潮土有机质平均值为 16.3 克/千克，含量变化范围为 14.0～18.0 克/千克；堆垫褐土性土有机质平均值为 14.6 克/千克，含量变化范围为 8.8～19.6 克/千克；沟淤褐土性土有机质平均值为 14.3 克/千克，含量变化范围为 8.2～26.4 克/千克；灌淤石灰性褐土有机质平均值为 16.2 克/千克，含量变化范围为 11.0～23.3 克/千克；红黄土质褐土性土有机质平均值为 14.1 克/千克，含量变化范围为 7.9～27.1 克/千克；洪积褐土性土有机质平均值为 15.8 克/千克，含量变化范围为 10.0～22.7 克/千克；黄土质褐土性土有机质平均值为 14.1 克/千克，含量变化范围为 8.2～23.6 克/千克；黄土质石灰性褐土有机质平均值为 13.6 克/千克，含量变化范围为 8.5～24.0 克/千克。

2. 全氮　汾西县土壤全氮含量变化范围为 0.28～1.23 克/千克，平均值为 0.67 克/千克。

（1）不同行政区域：永安镇全氮平均值为 0.73 克/千克，含量变化范围为 0.39～1.12 克/千克；对竹镇全氮平均值为 0.68 克/千克，含量变化范围为 8.41～1.07 克/千克；勋香镇全氮平均值为 0.72 克/千克，含量变化范围为 0.39～1.04 克/千克；和平镇全氮平均值为 0.61 克/千克，含量变化范围为 0.28～0.96 克/千克；僧念镇全氮平均值为 0.66 克/千克，含量变化范围为 0.44～0.99 克/千克；佃坪乡全氮平均值为 0.68 克/千克，含量变化范围为 0.42～1.23 克/千克；团柏乡全氮平均值为 0.59 克/千克，含量变化范围为 0.42～0.78 克/千克；邢家要乡全氮平均值为 0.66 克/千克，含量变化范围为 0.37～0.98 克/千克；汾西林场全氮平均值为 0.61 克/千克，含量变化范围为 0.50～0.73 克/千克。

（2）不同地形部位：黄土丘陵区全氮平均值为 0.64 克/千克，含量变化范围为 0.28～0.99 克/千克；山地全氮平均值为 0.71 克/千克，含量变化范围为 0.39～1.23 克/千克；黄土台垣区全氮平均值为 0.67 克/千克，含量变化范围为 0.39～1.01 克/千克；河川谷地全氮平均值为 0.66 克/千克，含量变化范围为 0.45～1.01 克/千克。

（3）不同土壤类型（主要土属）：堆垫潮土全氮平均值为 0.61 克/千克，含量变化范围为 0.58～0.65 克/千克；堆垫褐土性土全氮平均值为 0.78 克/千克，含量变化范围为 0.58～1.03 克/千克；沟淤褐土性土全氮平均值为 0.70 克/千克，含量变化范围为 0.39～1.05 克/千克；灌淤石灰性褐土全氮平均值为 0.60 克/千克，含量变化范围为 0.50～0.70 克/千克；红黄土质褐土性土全氮平均值为 0.68 克/千克，含量变化范围为 0.41～0.96 克/千克；洪积褐土性土全氮平均值为 0.72 克/千克，含量变化范围为 0.42～1.04 克/千克；黄土质褐土性土全氮平均值为 0.67 克/千克，含量变化范围为 0.28～1.23 克/千克；黄土质石灰性褐土全氮平均值为 0.66 克/千克，含量变化范围为 0.37～1.05 克/千克。

3. 有效磷　汾西县有效磷含量变化范围为 1.7～19.4 毫克/千克，平均值为 7.1 毫克/千克。

（1）不同行政区域：永安镇有效磷平均值为 7.6 毫克/千克，含量变化范围为 3.7～

19.4毫克/千克；对竹镇有效磷平均值为 7.6 毫克/千克，含量变化范围为 3.7～16.1 毫克/千克；勋香镇有效磷平均值为 5.5 毫克/千克，含量变化范围为 1.7～12.7 毫克/千克；和平镇有效磷平均值为 6.9 毫克/千克，含量变化范围为 3.5～17.1 毫克/千克；僧念镇有效磷平均值为 6.8 毫克/千克，含量变化范围为 3.2～17.1 毫克/千克；佃坪乡有效磷平均值为 6.3 毫克/千克，含量变化范围为 2.4～14.4 毫克/千克；团柏乡有效磷平均值为 8.9 毫克/千克，含量变化范围为 4.5～17.1 毫克/千克；邢家要乡有效磷平均值为 6.7 毫克/千克，含量变化范围为 3.2～13.7 毫克/千克；汾西林场有效磷平均值为 7.5 毫克/千克，含量变化范围为 4.7～8.7 毫克/千克。

（2）不同地形部位：黄土丘陵区有效磷平均值为 7.2 毫克/千克，含量变化范围为 3.2～17.1 毫克/千克；山地有效磷平均值为 6.7 毫克/千克，含量变化范围为 1.7～19.4 毫克/千克；黄土台垣区有效磷平均值为 8.1 毫克/千克，含量变化范围为 4.2～17.1 毫克/千克；河川谷地有效磷平均值为 7.0 毫克/千克，含量变化范围为 4.5～10.4 毫克/千克。

（3）不同土壤类型（主要土属）：堆垫潮土有效磷平均值为 9.0 毫克/千克，含量变化范围为 5.8～11.1 毫克/千克；堆垫褐土性土有效磷平均值为 5.8 毫克/千克，含量变化范围为 4.2～7.7 毫克/千克；沟淤褐土性土有效磷平均值为 6.9 毫克/千克，含量变化范围为 2.2～17.1 毫克/千克；灌淤石灰性褐土有效磷平均值为 8.2 毫克/千克，含量变化范围为 5.4～10.4 毫克/千克；红黄土质褐土性土有效磷平均值为 6.9 毫克/千克，含量变化范围 2.9～14.4 毫克/千克；洪积褐土性土有效磷平均值为 7.0 毫克/千克，含量变化范围为 1.9～13.7 毫克/千克；黄土质褐土性土有效磷平均值为 7.4 毫克/千克，含量变化范围为 1.7～17.1 毫克/千克；黄土质石灰性褐土有效磷平均值为 6.3 毫克/千克，含量变化范围为 2.4～14.4 毫克/千克。

4. 速效钾　汾西县土壤速效钾含量变化范围为 61～423 毫克/千克，平均值 139 毫克/千克。

（1）不同行政区域：永安镇速效钾平均值为 141 毫克/千克，含量变化范围为 90～276 毫克/千克；对竹镇速效钾平均值为 131 毫克/千克，含量变化范围为 64～288 毫克/千克；勋香镇速效钾平均值为 143 毫克/千克，含量变化范围为 97～423 毫克/千克；和平镇速效钾平均值为 134 毫克/千克，含量变化范围为 87～211 毫克/千克；僧念镇速效钾平均值为 149 毫克/千克，含量变化范围为 87～263 毫克/千克；佃坪乡速效钾平均值为 145 毫克/千克，含量变化范围为 84～361 毫克/千克；团柏乡速效钾平均值为 152 毫克/千克，含量变化范围为 104～247 毫克/千克；邢家要乡速效钾平均值为 102 毫克/千克，含量变化范围为 61～167 克/千克；汾西林场速效钾平均值为 147 毫克/千克，含量变化范围为 111～211 毫克/千克。

（2）不同地形部位：黄土丘陵区速效钾平均值为 138 毫克/千克，含量变化范围为 61～263 毫克/千克；山地速效钾平均值为 139 毫克/千克，含量变化范围为 64～423 毫克/千克；黄土台垣区速效钾平均值为 137 毫克/千克，含量变化范围为 80～227 毫克/千克；河川谷地速效钾平均值为 145 毫克/千克，含量变化范围为 104～204 毫克/千克。

（3）不同土壤类型（主要土属）：堆垫潮土速效钾平均值为 166 毫克/千克，含量变化范围为 134～193 毫克/千克；堆垫褐土性土速效钾平均值为 140 毫克/千克，含量变化范围为 108～177 毫克/千克；沟淤褐土性土速效钾平均值为 137 毫克/千克，含量变化范围为 84～374 毫克/千克；灌淤石灰性褐土速效钾平均值为 158 毫克/千克，含量变化范围为 127～201 毫克/千克；红黄土质褐土性土速效钾平均值为 142 毫克/千克，含量变化范围为 90～386 毫克/千克；洪积褐土性土速效钾平均值为 148 毫克/千克，含量变化范围为 84～214 毫克/千克；黄土质褐土性土速效钾平均值为 140 毫克/千克，含量变化范围为 64～361 毫克/千克；黄土质石灰性褐土速效钾平均值为 129 毫克/千克，含量变化范围为 61～263 毫克/千克。

5. 缓效钾　汾西县土壤缓效钾含量变化范围为 542～1 039 毫克/千克，平均值 829 毫克/千克。

（1）不同行政区域：永安镇缓效钾平均值为 831 毫克/千克，含量变化范围为 641～1 039 毫克/千克；对竹镇缓效钾平均值为 834 毫克/千克，含量变化范围为 542～975 毫克/千克；勋香镇缓效钾平均值为 856 毫克/千克，含量变化范围为 721～965 毫克/千克；和平镇缓效钾平均值为 824 毫克/千克，含量变化范围为 586～943 毫克/千克；僧念镇缓效钾平均值为 831 毫克/千克，含量变化范围为 571～975 毫克/千克；佃坪乡缓效钾平均值为 818 毫克/千克，含量变化范围为 621～986 毫克/千克；团柏乡缓效钾平均值为 843 毫克/千克，含量变化范围为 701～986 毫克/千克；邢家要乡缓效钾平均值为 772 毫克/千克，含量变化范围为 641～997 克/千克；汾西林场缓效钾平均值为 824 毫克/千克，含量变化范围为 760～840 毫克/千克。

（2）不同地形部位：黄土丘陵区缓效钾平均值为 820 毫克/千克，含量变化范围为 571～997 毫克/千克；山地缓效钾平均值为 833 毫克/千克，含量变化范围为 542～1 039 毫克/千克；黄土台垣区缓效钾平均值为 829 毫克/千克，含量变化范围为 641～986 毫克/千克；河川谷地缓效钾平均值为 872 毫克/千克，含量变化范围为 741～975 毫克/千克。

（3）不同土壤类型（主要土属）：堆垫潮土缓效钾平均值为 833 毫克/千克，含量变化范围为 760～900 毫克/千克；堆垫褐土性土缓效钾平均值为 820 毫克/千克，含量变化范围为 780～860 毫克/千克；沟淤褐土性土缓效钾平均值为 832 毫克/千克，含量变化范围为 681～986 毫克/千克；灌淤石灰性褐土缓效钾平均值为 864 毫克/千克，含量变化范围为 820～900 毫克/千克；红黄土质褐土性土缓效钾平均值为 830 毫克/千克，含量变化范围为 661～965 毫克/千克；洪积褐土性土缓效钾平均值为 838 毫克/千克，含量变化范围为 721～975 毫克/千克；黄土质褐土性土缓效钾平均值为 832 毫克/千克，含量变化范围为 542～1 039 毫克/千克；黄土质石灰性褐土缓效钾平均值为 812 毫克/千克，含量变化范围为 571～997 毫克/千克。

二、分级论述

1. 有机质

一级　有机质含量为 25.0 克/千克以上，面积为 265.24 亩，占总耕地面积的 0.07%。

二级　有机质含量为 20.01～25.0 克/千克，面积为 4 418.18 亩，占总耕地面积的 1.13%。

　　三级　有机质含量为 15.01～20.0 克/千克，面积为 118 094.1 亩，占总耕地面积的 30.13%。

　　四级　有机质含量为 10.01～15.0 克/千克，面积为 260 640.6 亩，占总耕地面积的 66.48%。

　　五级　有机质含量为 5.01～10.1 克/千克，面积为 8 540.48 亩，占总耕地面积的 2.18%。

　　六级　有机质含量为 5.0 以下，面积为 24.57 亩，占总耕地面积的 0.01%。

2. 全氮

　　一级　全氮含量大于 1.50 克/千克，全县无分布。

　　二级　全氮含量为 1.201～1.50 克/千克，面积为 158.51 亩，占总耕地面积的 0.04%。

　　三级　全氮含量为 1.001～1.20 克/千克，面积为 748.59 亩，占总耕地面积的 0.19%。

　　四级　全氮含量为 0.701～1.000 克/千克，面积为 93 539.3 亩，占总耕地面积的 23.86%。

　　五级　全氮含量为 0.501～0.70 克/千克，面积为 285 305.2 亩，占总耕地面积的 72.79%。

　　六级　全氮含量小于 0.5 克/千克，面积为 12 231.59 亩，占总耕地面积的 3.12%。

3. 有效磷

　　一级　有效磷含量大于 25.00 毫克/千克，全县无分布。

　　二级　有效磷含量在 20.1～25.00 毫克/千克，全县无分布。

　　三级　有效磷含量在 15.1～20.1 毫克/千克，全县面积 1 211.89 亩，占总耕地面积的 0.31%。

　　四级　有效磷含量在 10.1～15.0 毫克/千克。全县面积 36 198.17 亩，占总耕地面积的 9.23%。

　　五级　有效磷含量在 5.1～10.0 毫克/千克，全县面积 306 551.5 亩，占总耕地面积的 78.21%。

　　六级　有效磷含量小于 5.0 毫克/千克，全县面积 48 021.57 亩，占总耕地面积的 12.25%。

4. 速效钾

　　一级　速效钾含量大于 250 毫克/千克，全县面积 1 371.41 亩，占总耕地面积的 0.35%。

　　二级　速效钾含量在 201～250 毫克/千克，全县面积 10 383.74 亩，占总耕地面积的 2.65%。

　　三级　速效钾含量在 151～200 毫克/千克，全县面积 103 622 亩，占总耕地面积的 26.44%。

　　四级　速效钾含量在 101～150 毫克/千克，全县面积 253 020.4 亩，占总耕地面积的 64.55%。

五级 速效钾含量在 51～100 毫克/千克，全县面积 23 585.58 亩，占总耕地面积的 6.02%。

六级 速效钾含量小于 50 毫克/千克，全县无分布。

5. 缓效钾

一级 缓效钾含量大于 1 200 毫克/千克，全县无分布。

二级 缓效钾含量在 901～1 200 毫克/千克，全县面积 19 347.86 亩，占总耕地面积的 4.94%。

三级 缓效钾含量在 601～900 毫克/千克，全县面积 372 329.9 亩，占总耕地面积的 94.99%。

四级 缓效钾含量在 351～600 毫克/千克，全县面积 305.34 亩，占总耕地面积的 0.08%。

五级 缓效钾含量为 151～350 毫克/千克，全县无分布。

六级 缓效钾含量小于等于 150 毫克/千克，全县无分布。

第三节 耕地土壤中微量元素

土壤有效硫、有效铜、有效锰、有效锌、有效铁、有效硼的分级以《山西省耕地土壤养分含量分级标准》为标准各分 6 个级别，见表 3-24。

表 3-24 山西省耕地土壤中微量元素养分分级标准

级别	一级	二级	三级	四级	五级	六级
有效硫（毫克/千克）	＞200.00	100.1～200	50.1～100.0	25.1～50.0	12.1～25.0	≤12.0
有效铜（毫克/千克）	＞2.00	1.51～2.00	1.01～1.51	0.51～1.00	0.21～0.50	≤0.20
有效锰（毫克/千克）	＞30.00	20.01～30.00	15.01～20.00	5.01～15.00	1.01～5.00	≤1.00
有效锌（毫克/千克）	＞3.00	1.51～3.00	1.01～1.50	0.51～1.00	0.31～0.50	≤0.30
有效铁（毫克/千克）	＞20.00	15.01～20.00	10.01～15.00	5.01～10.00	2.51～5.00	≤2.50
有效硼（毫克/千克）	＞2.00	1.51～2.00	1.01～1.50	0.51～1.00	0.21～0.50	≤0.20

一、含量与分布

1. 有效硫 汾西县土壤有效硫变化范围为 7.24～136.22 毫克/千克，平均值为 22.49 毫克/千克。

（1）不同行政区域：永安镇有效硫平均值为 23.71 毫克/千克，含量变化范围为 8.19～136.22 毫克/千克；对竹镇有效硫平均值为 22.66 毫克/千克，含量变化范围为 8.67～63.41 毫克/千克；勍香镇有效硫平均值为 27.70 毫克/千克，含量变化范围为 7.72～60.08 毫克/千克；和平镇有效硫平均值为 21.03 毫克/千克，含量变化范围 11.05～45.02 毫克/千克；僧念镇有效硫平均值为 22.54 毫克/千克，含量变化范围为 10.10～46.68 毫克/千克；佃坪乡有效硫平均值为 20.36 毫克/千克，含量变化范围为

11.52～70.06 毫克/千克；团柏乡有效硫平均值为 22.18 毫克/千克，含量变化范围为 7.24～50.10 毫克/千克；邢家要乡有效硫平均值为 17.18 毫克/千克，含量变化范围为 9.62～35.06 克/千克；汾西林场有效硫平均值为 22.30 毫克/千克，含量变化范围为 15.54～38.38 毫克/千克。

（2）不同地形部位：黄土丘陵区有效硫平均值为 21.36 毫克/千克，含量变化范围为 8.67～60.08 毫克/千克；山地有效硫平均值为 23.42 毫克/千克，含量变化范围为 8.19～136.22 毫克/千克；黄土台垣区有效硫平均值为 22.04 毫克/千克，含量变化范围为 7.24～93.35 毫克/千克；河川谷地有效硫平均值为 25.41 毫克/千克，含量变化范围为 10.57～50.10 毫克/千克。

（3）不同土壤类型（主要土属）：堆垫潮土有效硫平均值为 20.78 毫克/千克，含量变化范围为 17.26～24.14 毫克/千克；堆垫褐土性土有效硫平均值为 22.00 毫克/千克，含量变化范围为 15.54～26.76 毫克/千克；沟淤褐土性土有效硫平均值为 23.62 毫克/千克，含量变化范围为 7.72～86.69 毫克/千克；灌淤石灰性褐土有效硫平均值为 26.75 毫克/千克，含量变化范围为 17.26～33.40 毫克/千克；红黄土质褐土性土有效硫平均值为 22.80 毫克/千克，含量变化范围为 9.62～70.06 毫克/千克；洪积褐土性土有效硫平均值为 25.21 毫克/千克，含量变化范围为 11.52～50.00 毫克/千克；黄土质褐土性土有效硫平均值为 23.03 毫克/千克，含量变化范围为 7.24～136.22 毫克/千克；黄土质石灰性褐土有效硫平均值为 19.82 毫克/千克，含量变化范围为 9.62～46.68 毫克/千克。

2. 有效铜　汾西县土壤有效铜含量变化范围为 0.27～2.61 毫克/千克，平均值 0.66 毫克/千克。

（1）不同行政区域：永安镇有效铜平均值为 0.62 毫克/千克，含量变化范围为 0.39～0.93 毫克/千克；对竹镇有效铜平均值为 0.70 毫克/千克，含量变化范围为 0.38～2.61 毫克/千克；勍香镇有效铜平均值为 0.79 毫克/千克，含量变化范围为 0.54～1.11 毫克/千克；和平镇有效铜平均值为 0.58 毫克/千克，含量变化范围为 0.38～0.87 毫克/千克；僧念镇有效铜平均值为 0.56 毫克/千克，含量变化范围为 0.32～0.90 毫克/千克；佃坪乡有效铜平均值为 0.90 毫克/千克，含量变化范围为 0.39～1.90 毫克/千克；团柏乡有效铜平均值为 0.58 毫克/千克，含量变化范围为 0.38～0.90 毫克/千克；邢家要乡有效铜平均值为 0.57 毫克/千克，含量变化范围为 0.27～0.87 克/千克；汾西林场有效铜平均值为 0.68 毫克/千克，含量变化范围为 0.58～0.80 毫克/千克。

（2）不同地形部位：黄土丘陵区有效铜平均值为 0.57 毫克/千克，含量变化范围为 0.27～1.11 毫克/千克；山地有效铜平均值为 0.75 毫克/千克，含量变化范围为 0.34～2.61 毫克/千克；黄土台垣区有效铜平均值为 0.62 毫克/千克，含量变化范围为 0.43～0.93 毫克/千克；河川谷地有效铜平均值为 0.67 毫克/千克，含量变化范围为 0.38～0.90 毫克/千克。

（3）不同土壤类型（主要土属）：堆垫潮土有效铜平均值为 0.55 毫克/千克，含量变化范围为 0.50～0.58 毫克/千克；堆垫褐土性土有效铜平均值为 0.63 毫克/千克，含量变化范围为 0.58～0.71 毫克/千克；沟淤褐土性土有效铜平均值为 0.70 毫克/千克，含量变化范围为 0.31～2.61 毫克/千克；灌淤石灰性褐土有效铜平均值为 0.62 毫克/千克，含量变化范围为 0.50～0.67 毫克/千克；红黄土质褐土性土有效铜平均值为 0.68 毫克/千克，含量变化范围为 0.39～1.67 毫克/千克；洪积褐土性土有效铜平均值为 0.72 毫克/千克，含量变化范围为 0.43～1.17 毫克/千克；黄土质褐土性土有效铜平均值为 0.63 毫克/千克，含量变化范围为 0.32～1.30 毫克/千克；黄土质石灰性褐土有效铜平均值为 0.69 毫克/千克，含量变化范围为 0.27～1.90 毫克/千克。

3. 有效锌 汾西县土壤有效锌含量变化范围为 0.19～2.66 毫克/千克，平均值 0.67 毫克/千克。

（1）不同行政区域：永安镇有效锌平均值为 0.62 毫克/千克，含量变化范围为 0.26～1.27 毫克/千克；对竹镇有效锌平均值为 0.69 毫克/千克，含量变化范围为 0.26～1.86 毫克/千克；勍香镇有效锌平均值为 0.79 毫克/千克，含量变化范围为 0.40～1.86 毫克/千克；和平镇有效锌平均值为 0.66 毫克/千克，含量变化范围为 0.35～1.60 毫克/千克；僧念镇有效锌平均值为 0.63 毫克/千克，含量变化范围为 0.39～1.43 毫克/千克；佃坪乡有效锌平均值为 0.81 毫克/千克，含量变化范围为 0.19～2.66 毫克/千克；团柏乡有效锌平均值为 0.63 毫克/千克，含量变化范围为 0.36～0.93 毫克/千克；邢家要乡有效锌平均值为 0.61 毫克/千克，含量变化范围为 0.34～1.00 克/千克；汾西林场有效锌平均值为 0.66 毫克/千克，含量变化范围为 0.58～0.77 毫克/千克。

（2）不同地形部位：黄土丘陵区有效锌平均值为 0.63 毫克/千克，含量变化范围为 0.34～1.60 毫克/千克；山地有效锌平均值为 0.72 毫克/千克，含量变化范围为 0.19～2.66 毫克/千克；黄土台垣区有效锌平均值为 0.63 毫克/千克，含量变化范围为 0.26～1.43 毫克/千克；河川谷地有效锌平均值为 0.73 毫克/千克，含量变化范围为 0.45～1.60 毫克/千克。

（3）不同土壤类型（主要土属）：堆垫潮土有效锌平均值为 0.59 毫克/千克，含量变化范围为 0.58～0.61 毫克/千克；堆垫褐土性土有效锌平均值为 0.45 毫克/千克，含量变化范围为 0.36～0.51 毫克/千克；沟淤褐土性土有效锌平均值为 0.70 毫克/千克，含量变化范围为 0.26～2.57 毫克/千克；灌淤石灰性褐土有效锌平均值为 0.62 毫克/千克，含量变化范围为 0.58～0.74 毫克/千克；红黄土质褐土性土有效锌平均值为 0.68 毫克/千克，含量变化范围为 0.34～1.47 毫克/千克；洪积褐土性土有效锌平均值为 0.78 毫克/千克，含量变化范围为 0.34～1.60 毫克/千克；黄土质褐土性土有效锌平均值为 0.66 毫克/千克，含量变化范围为 0.19～1.86 毫克/千克；黄土质石灰性褐土有效锌平均值为 0.69 毫克/千克，含量变化范围为 0.34～2.66 毫克/千克。

4. 有效锰 汾西县土壤有效锰含量变化范围为 0.82～7.27 毫克/千克，平均值为 3.11 毫克/千克。

（1）不同行政区域：永安镇有效锰平均值为 3.18 毫克/千克，含量变化范围为 1.28～5.39 毫克/千克；对竹镇有效锰平均值为 3.69 毫克/千克，含量变化范围为 1.54～5.76 毫克/千克；勍香镇有效锰平均值为 4.73 毫克/千克，含量变化范围为 1.81～6.14 毫克/千克；和平镇有效锰平均值为 2.18 毫克/千克，含量变化范围为 0.92～3.14 毫克/千克；僧念镇有效锰平均值为 2.34 毫克/千克，含量变化范围为 1.28～4.47 毫克/千克；佃坪乡有效锰平均值为 4.27 毫克/千克，含量变化范围为 1.81～7.27 毫克/千克；团柏乡有效锰平均值为 2.27 毫克/千克，含量变化范围为 1.54～5.00 毫克/千克；邢家要乡有效锰平均值为 2.06 毫克/千克，含量变化范围为 0.82～4.47 克/千克；汾西林场有效锰平均值为 2.73 毫克/千克，含量变化范围为 2.07～5.01 毫克/千克。

（2）不同地形部位：黄土丘陵区有效锰平均值为 2.25 毫克/千克，含量变化范围为 0.82～5.20 毫克/千克；山地有效锰平均值为 3.95 毫克/千克，含量变化范围为 1.28～7.27 毫克/千克；黄土台垣区有效锰平均值为 2.69 毫克/千克，含量变化范围为 1.28～4.73 毫克/千克；河川谷地有效锰平均值为 3.12 毫克/千克，含量变化范围为 1.54～5.95 毫克/千克。

（3）不同土壤类型（主要土属）：堆垫潮土有效锰平均值为 2.10 毫克/千克，含量变化范围为 1.81～2.34 毫克/千克；堆垫褐土性土有效锰平均值为 4.55 毫克/千克，含量变化范围为 3.94～5.20 毫克/千克；沟淤褐土性土有效锰平均值为 3.62 毫克/千克，含量变化范围为 1.28～7.27 毫克/千克；灌淤石灰性褐土有效锰平均值为 2.44 毫克/千克，含量变化范围为 1.81～2.61 毫克/千克；红黄土质褐土性土有效锰平均值为 3.31 毫克/千克，含量变化范围为 1.54～5.76 毫克/千克；洪积褐土性土有效锰平均值为 3.81 毫克/千克，含量变化范围为 1.81～5.95 毫克/千克；黄土质褐土性土有效锰平均值为 3.03 毫克/千克，含量变化范围为 1.81～6.14 毫克/千克；黄土质石灰性褐土有效锰平均值为 2.91 毫克/千克，含量变化范围为 0.82～6.51 毫克/千克；

5. 有效铁　汾西县土壤有效铁含量变化范围为 1.29～10.54 毫克/千克，平均值为 4.25 毫克/千克。

（1）不同行政区域：永安镇有效铁平均值为 4.44 毫克/千克，含量变化范围为 1.79～7.67 毫克/千克；对竹镇有效铁平均值为 5.20 毫克/千克，含量变化范围为 1.99～8.34 毫克/千克；勍香镇有效铁平均值为 5.83 毫克/千克，含量变化范围为 3.67～8.34 毫克/千克；和平镇有效铁平均值为 3.44 毫克/千克，含量变化范围为 1.39～7.01 毫克/千克；僧念镇有效铁平均值为 2.42 毫克/千克，含量变化范围为 1.29～6.01 毫克/千克；佃坪乡有效铁平均值为 5.74 毫克/千克，含量变化范围为 2.84～10.54 毫克/千克；团柏乡有效铁平均值为 3.26 毫克/千克，含量变化范围为 1.29～6.34 毫克/千克；邢家要乡有效铁平均值为 3.94 毫克/千克，含量变化范围为 1.79～6.34 克/千克；汾西林场有效铁平均值为 4.88 毫克/千克，含量变化范围为 2.68～6.34 毫克/千克。

（2）不同地形部位：黄土丘陵区有效铁平均值为 3.11 毫克/千克，含量变化范围为 1.29～7.01 毫克/千克；山地有效铁平均值为 5.18 毫克/千克，含量变化范围为 1.99～10.54 毫克/千克；黄土台垣区有效铁平均值为 4.34 毫克/千克，含量变化范围为 1.79～7.67 毫克/千克；河川谷地有效铁平均值为 4.40 毫克/千克，含量变化范围为 1.29～7.01 毫克/千克。

（3）不同土壤类型（主要土属）：堆垫潮土有效铁平均值为 2.58 毫克/千克，含量变化范围为 2.20～3.17 毫克/千克；堆垫褐土性土有效铁平均值为 5.04 毫克/千克，含量变化范围为 4.67～5.68 毫克/千克；沟淤褐土性土有效铁平均值为 4.87 毫克/千克，含量变化范围为 1.69～8.00 毫克/千克；灌淤石灰性褐土有效铁平均值为 3.41 毫克/千克，含量变化范围为 2.10～5.34 毫克/千克；红黄土质褐土性土有效铁平均值为 4.21 毫克/千克，含量变化范围为 1.69～8.34 毫克/千克；洪积褐土性土有效铁平均值为 4.83 毫克/千克，含量变化范围为 1.59～10.54 毫克/千克；黄土质褐土性土有效铁平均值为 4.16 毫克/千克，含量变化范围为 1.29～8.34 毫克/千克；黄土质石灰性褐土有效铁平均值为 4.18 毫克/千克，含量变化范围为 1.39～10.54 毫克/千克。

6. 有效硼 汾西县土壤有效硼含量变化范围为 0.10～1.08 毫克/千克，平均值为 0.33 毫克/千克。

（1）不同行政区域：永安镇有效硼平均值为 0.34 毫克/千克，含量变化范围为 0.14～1.08 毫克/千克；对竹镇有效硼平均值为 0.29 毫克/千克，含量变化范围为 0.14～0.61 毫克/千克；勍香镇有效硼平均值为 0.36 毫克/千克，含量变化范围为 0.10～0.84 毫克/千克；和平镇有效硼平均值为 0.32 毫克/千克，含量变化范围为 0.13～0.80 毫克/千克；僧念镇有效硼平均值为 0.36 毫克/千克，含量变化范围为 0.17～0.77 毫克/千克；佃坪乡有效硼平均值为 0.32 毫克/千克，含量变化范围为 0.16～0.58 毫克/千克；团柏乡有效硼平均值为 0.35 毫克/千克，含量变化范围为 0.16～0.58 毫克/千克；邢家要乡有效硼平均值为 0.29 毫克/千克，含量变化范围为 0.17～0.64 克/千克；汾西林场有效硼平均值为 0.35 毫克/千克，含量变化范围为 0.27～0.46 毫克/千克。

（2）不同地形部位：黄土丘陵区有效硼平均值为 0.34 毫克/千克，含量变化范围为 0.14～0.80 毫克/千克；山地有效硼平均值为 0.32 毫克/千克，含量变化范围为 0.14～1.08 毫克/千克；黄土台垣区有效硼平均值为 0.32 毫克/千克，含量变化范围为 0.10～0.67 毫克/千克；河川谷地有效硼平均值为 0.38 毫克/千克，含量变化范围为 0.16～0.58 毫克/千克。

（3）不同土壤类型（主要土属）：堆垫潮土有效硼平均值为 0.33 毫克/千克，含量变化范围为 0.29～0.36 毫克/千克；堆垫褐土性土有效硼平均值为 0.31 毫克/千克，含量变化范围为 0.19～0.50 毫克/千克；沟淤褐土性土有效硼平均值为 0.32 毫克/千克，含量变化范围为 0.10～0.97 毫克/千克；灌淤石灰性褐土有效硼平均值为 0.38 毫克/千克，含量变化范围为 0.29～0.42 毫克/千克；红黄土质褐土性土有效硼平均值为 0.35 毫克/千克，含量变化范围为 0.18～0.80 毫克/千克；洪积褐土性土有效硼平均值为 0.36 毫克/千克，含量变化范围为 0.17～0.58 毫克/千克；黄土质褐土性土有效硼平均值为 0.33 毫克/千克，含量变化范围为 0.12～1.08 毫克/千克；黄土质石灰性褐土有效硼平均值为 0.31 毫克/千克，含量变化范围为 0.14～0.80 毫克/千克。

二、分级论述

1. 有效硫

一级 有效硫含量大于 200.0 毫克/千克，全县无分布。

二级 有效硫含量 100.1～200.0 毫克/千克，全县面积为 256.74 亩，占总耕地面积的 0.07%。

三级 有效硫含量为 50.1～100 毫克/千克，全县面积为 3 782.19 亩，占总耕地面积的 0.96%。

四级　有效硫含量在 25.1～50 毫克/千克，全县面积为 98 420.7 亩，占总耕地面积的 25.11%。

五级　有效硫含量 12.1～25.0 毫克/千克，全县面积为 286 257.4 亩，占总耕地面积的 73.03%。

六级　有效硫含量小于等于 12.0 毫克/千克，全县面积为 3 266.13 亩，占总耕地面积的 0.83%。

2. 有效铜

一级　有效铜含量大于 2.00 毫克/千克，全县分布面积 22.34 亩，占总耕地面积的 0.01%。

二级　有效铜含量在 1.51～2.00 毫克/千克，全县分布面积 514.91 亩，占总耕地面积的 0.13%。

三级　有效铜含量在 1.01～1.50 毫克/千克，全县分布面积 15 864.07 亩，占总耕地面积的 4.05%。

四级　有效铜含量 0.51～1.00 毫克/千克，全县面积 351 375.8 亩，占总耕地面积的 89.64%。

五级　有效铜含量 0.21～0.50 毫克/千克，全县面积 24 206.01 亩，占总耕地面积的 6.18%。

六级　有效铜含量小于或等于 0.20 毫克/千克，全县无分布。

3. 有效锰

一级　有效锰含量在 30 毫克/千克以上，全县无分布。

二级　有效锰含量在 20.01～30.00 毫克/千克，全县无分布。

三级　有效锰含量在 15.01～20.00 毫克/千克，全县无分布。

四级　有效锰含量在 5.01～15.00 毫克/千克，全县分布面积 45 414.66 亩，占总耕地面积的 11.59%。

五级　有效锰含量在 1.01～5.00 毫克/千克，全县面积 346 108.7 亩，占总耕地面积的 88.30%。

六级　有效锰含量小于 1.00 毫克/千克，全县面积 459.82 亩，占总耕地面积的 0.12%。

4. 有效锌

一级　有效锌含量大于 3.00 毫克/千克，全县无分布。

二级　有效锌含量在 1.51～3.00 毫克/千克，全县面积 1 454.97 亩，占总耕地面积的 0.37%。

三级　有效锌含量在 1.01～1.50 毫克/千克，全县面积 22 867.1 亩，占总耕地面积的 5.83%。

四级　有效锌含量在 0.51～1.00 毫克/千克，全县分布面积 331 603.5 亩，占总耕地面积的 84.60%。

五级　有效锌含量在 0.31～0.50 毫克/千克，全县分布面积 35 443.53 亩，占总耕地面积的 9.04%。

六级　有效锌含量小于等于 0.30 毫克/千克，全县分布面积 614.03 亩，占总耕地面积的 0.16%。

5. 有效铁

一级　有效铁含量大于 20.00 毫克/千克，全县无分布。

二级　有效铁含量在 15.01～20.00 毫克/千克，全县无分布。

三级　有效铁含量在 10.01～15.00 毫克/千克，全县面积 112.47 亩，占总耕地面积的 0.03%。

四级　有效铁含量在 5.01～10.00 毫克/千克，全县面积 145 881.1 亩，占全县总耕地面积的 37.22%。

五级　有效铁含量在 2.51～5.00 毫克/千克，全县面积 190 864.1 亩，占总耕地面积的 48.69%。

六级　有效铁含量小于等于 2.50 毫克/千克，全县面积 55 125.43 亩，占总耕地面积的 14.06%。

6. 有效硼

一级　有效硼含量大于 2.00 毫克/千克，全县无分布。

二级　有效硼含量在 1.51～2.00 毫克/千克，全县无分布。

三级　有效硼含量在 1.01～1.50 毫克/千克，全县面积 61 亩，占总耕地面积的 0.02%。

四级　有效硼含量在 0.51～1.00 毫克/千克，全县面积 9 485.26 亩，占总耕地面积的 2.42%。

五级　有效硼含量在 0.21～0.50 毫克/千克，全县面积 374 770.5 亩，占总耕地面积的 95.61%。

六级　有效硼含量小于等于 0.20 毫克/千克，全县面积为 7 666.35 亩，占总耕地面积的 1.96%。

第四节　耕地土壤物理性状

一、土壤质地

粗细不同的土粒在土壤中占有不同的比例，这种大小土粒不同的比例组合称为土壤质地，它反映土壤颗粒的粗细程度。一般测定土壤质地，以物理性沙粒和黏粒的比例来划分。

汾西县土壤质地，主要取决于成土母质及发育程度。在黄土母质上发育的土壤多为轻壤；在红黄土母质上发育的土壤多为中壤；在红土母质上发育的土壤多为重壤。上述几类土壤质地通体均匀一致，各层相差不超过一级。发育在石灰岩母质上的土壤质地表层多为中壤，下层为重壤。发育在砂页岩母质上的土壤一般质地较粗，多为沙壤（发育好的多为轻壤），土体从上到下逐步变粗；发育在洪积和淤积母质上的土壤，因母质来源比较复杂，依沉积层次母质变化而变化。土壤质地除与母质类型有密切关系外，在农业生产中，受人为耕作、施肥等因素影响比较深刻。下面对该县耕作土壤表层质地给以简要叙述。

1. 轻壤土（俗名绵土） 该土壤是汾西县主要农业土壤，占耕地面积 90％左右。主要土壤类型有耕种黄土质山地褐土、耕种黄土质褐土性土、耕种黄土质碳酸盐褐土及山地和丘陵的部分沟淤土。其颗粒组成是物理性沙粒含量为 70％左右，物理性黏粒含量为 30％左右。其特点是孔隙松紧适宜，通气透水良好，沙黏比例适中，保水保肥能力较强，土温温和稳定，肥劲均匀肥效较长，耕性良好。这类土壤的问题是由于水土流失严重，加之长期用多养少，造成土壤贫瘠，养分失调，后期有脱肥现象。总之，轻壤土兼备了沙土、黏土的优点，是汾西县农业上较为理想的土壤质地。今后应注重农田建设，增施肥料，轮作倒茬，培肥土壤。

2. 中壤土（俗名二色土） 该土壤是指河川地、沟坝地及部分红黄土质上发育成的土壤。主要土壤类型有耕种洪积褐土性土、耕种红黄土质褐土性土及部分耕种沟淤褐土性土。面积不到耕地面积的 10％。其土壤机械组成是物理性黏粒为 35％左右，物理性沙粒为 65％左右。其特点是土质偏黏，保水保肥性能强，土壤肥力高，耕作容易，土壤通透性能一般，肥效期长，是本县农业高产土壤。

3. 黏质土 该土壤质地在汾西县耕地中面积很小。主要分布在团柏河沿岸阶地，土壤类型有耕种灌淤碳酸盐褐土，面积不到耕地面积的 1％。其机械组成是物理性黏粒为 60％左右，物理性沙粒为 40％左右。好气性微生物活动受到限制，有机质分解较慢，肥效迟缓，后劲足。在耕作过程中，湿时泥泞，干时坚硬，宜耕期短，耕作费力，发老苗，不发小苗，宜种小麦、玉米。今后要增施有机肥，如秸秆肥、灰渣肥，引洪漫沙，客土改良，使土壤质地朝着利于农业生产方向发展。

二、土壤结构

土壤结构是指土粒在内外因素的综合作用下，形成大小不一，形状不同的团聚体。不同土壤类型及不同土壤层次，往往具有不同的土壤结构，土壤结构的好坏，包括数量、大小、形状、孔隙状况和稳定性，对土壤肥力因素，微生物活动，耕性和作物植物根系伸展，都有很大影响。

汾西县土壤结构类型有团粒结构、屑粒结构、块状结构、棱块状结构、核状结构 5 种类型。现分述如下

1. 团粒结构 土壤中的自然团聚体为近似团球状，粒径为 0.25～1.0 毫米，群众形象地称之为"蚂蚁蛋"。团粒内部孔隙小，属毛管孔隙，可蓄较多的水肥，团粒之间孔隙较粗，可供通气透水。因此，团粒结构是较为理想的土壤结构。但汾西县耕种土壤团粒结构很少，只是在靠近林区部分山地土壤耕层团粒结构比较多。

2. 屑粒结构（包括微团粒结构） 是一种松散不规则的粒状结构，粒径大于 0.5 毫米，它是在土壤有机质含量低的情况下形成的一种土团。疏松绵软，对土壤肥沃度具有一定作用。汾西县耕作土壤，表层结构多属这种结构。除此，在部分高产土壤中由于有机质含量和耕作水平都较高，土壤中形成有微团粒结构，直径 0.25～0.005 毫米。大多是由腐殖质胶结和胶体凝聚而成的。微团粒结构对土壤肥沃度虽不及团粒结构，但好于其他结

构，而且微结构是形成团粒结构的基础。

3. 块状结构和棱块状结构　此种结构多分布在土壤的心土层和底土层。由于有机质含量低，生物活动和人为耕作施肥影响较小，土壤结构体沿长宽高三轴比较平衡发育，一般轻壤质的黄土形成棱面不明显、形状不规则、表面不平的块状结构。中壤质地以上的红黄土、红土则形成界面和棱角明显的棱块状结构。汾西县土壤心土层和底土层多处于前一结构，后一种土壤结构，在土壤中占比例很小。

4. 片状结构　片状结构在汾西县土壤中有两种情况出现，一种出现在耕作土壤的犁底层，往往妨碍作物植物根系下扎及土壤水分下渗，影响土壤保水、保肥和供水供肥；另一种出现在洪积、沟淤母质上发育的土壤中，出现层次无常，主要是由于流水沉积作用而形成。这种片状结构一般对作物生长没有不良影响。

综合上述，汾西县耕作土壤结构表层多为屑粒结构，团粒、块状、棱块结构很少。表土层以下，心土层多为块状、棱块、片状结构。今后在生产活动中，应积极改良不良结构，创造良好的土壤结构。具体办法有深耕深翻土地，增施有机肥料，种植苜蓿、豆类、绿肥等养地作物，引洪淤灌等。

三、土体构型

土体构型指不同质地的土层上下排列情况，它对土壤中的水、肥、气、热的上下运行，水肥的储藏与流失有很大关系。汾西县土体构型可概括为4种类型。

1. 通体型　土体较厚，全剖面上下质地基本均匀，叫通体型。

汾西县分为两个亚类：一是通体壤质型，发育在黄土母质及红黄土母质类型上的土壤，多属此类型。其特点是土层深厚，上下均匀一致，通体为轻壤质或中壤质，保肥保水能力较好，土温变化不大，土壤水、气、热比较协调，养分含量不高，应注意控制水土流失，合理耕作，提高"三保"水平。二是通体黏质型，发育在灌淤母质上的土壤属此类型。其特点是：土体较厚，土性僵硬，耕作困难，通透性差，土温变化小，土性冷凉，保水保肥，养分供应迟缓。

2. 蒙金型　俗称绵盖垆，主要分布在汾西县残存垣面上。其特点是上层土壤质地适中，多为轻壤或轻偏中壤，疏松好耕易出苗，而下层质地较黏，多为中壤，具有较强保水保肥能力及持久供肥性能。总之，这种构型上轻下黏，水、肥、气、热各种养分比较协调，既发小苗又发老苗，是一种理想的农业土壤。

3. 薄层型　土体厚度在30～50厘米的土壤属于薄层型。汾西县薄层型土壤有两种情况，一种是发育在残积母质上的山地土壤属此类型，如：石灰岩、砂页岩母质发生的土壤类型；另一种是表层土壤流失殆尽，基岩开始裸露，属此类型。薄层型的共同特点是土层浅薄，多夹有数量不等砾石，地面覆盖度不好。汾西县薄层型土壤多退耕为林地、牧坡，不作为耕作用地。

4. 漏沙型　除上述3种类型外，汾西县还有面积很小的漏沙型土壤，主要分布在河川、沟谷，在人们在农田建设过程中，打坝造地，发展起来的农田，土层厚度为50～60厘米，个别低于30厘米，由于上面土层薄，下部出现沙砾层，故称漏沙型土壤。今后要继续搞好农田建设，引洪灌淤，加厚土层，建成高产农田。

四、土壤容重和土壤孔隙度

1. 土壤容重　单位体积内干燥土壤的重量称为容积比重，土壤体积包括土壤孔隙在内，简称土壤容重，单位以克/立方厘米表示。土壤容重随孔隙而变化，它与土壤内部性状如结构、腐殖质含量及土壤松紧状况有关，同时也经常受外部因素，如降雨、灌溉、耕作活动的影响。

汾西县土壤容重以黄土质褐土性土和黄土质山地褐土容重稍轻；红黄土质褐土性土和沟淤褐土性土容重稍重；黄土质碳酸盐褐土比较适宜。另外，表土层容重低于心土层、底土层。

2. 土壤孔隙度　土壤是多孔体。土粒、土壤团聚体之间以及团聚体内部，均有孔隙存在。单位体积内土壤孔隙所占的百分数，称为土壤孔隙度。土壤孔隙的数量、大小、形状是很不相同的，它是土壤水分与空气的通道和储存场所，孔隙的大小与多少，密切影响着土壤中水、肥、气、热肥力因素的变化与供应状况，所以在农业生产上是非常重要的。按照土壤容重为 1.1～1.3 克/立方厘米、土壤孔隙度为 52％～56％为耕作土壤适宜指标衡量。汾西县土壤松紧度是比较适宜的。但是，在生产上采取适时合理耕作施肥，培肥地力，对作物生长发育，协调土壤中水、肥、气、热运行仍是非常重要的。

汾西县土种名称与母质类型、土体构型对照见表 3-25，汾西县省级与县级土种名称对照见表 3-26。

表 3-25　汾西县土种名称与母质类型、土体构型对照

省级土种名称	代号	母质类型	土体结构	省级土种名称	代号	母质类型	土体结构
浅黏垣绵垆土	21	黄土质	A（Ca）- Bt - Cca	堆垫土	133	堆垫物	A -（B）- C
深黏垣黄垆土	26	黄土质	A - B - Ct	大瓣红土	213		
二合淤黄垆土	45	淤积物	A - V - B（t）- C	薄纱渣土	237		
黄淋土	62			灰渣土	242		
薄立黄土	83			堆垫潮土	280	堆垫物	A - Bg - Cg
立黄土	85						
耕立黄土	89	黄土质	A - B - C				
垣坡立黄土	90						
耕沙砾立黄土	93	黄土质	A - B - C				
红立黄土	102						
耕红立黄土	103	红黄土质	A - B - C				
二合红立黄土	105						
耕二合红立黄土	106	红黄土质	A - B - C				
耕洪立黄土	112	洪积物	A - B - C				
沟淤土	124	淤积物	A - B - C				

注明：凡未标母质类型、土体结构的均为滩耕种土壤类型。

表3-26 汾西县省级与县级土种名称对照

县级土种名称	代号	省级土种名称	代号	省级土属名称	代号	省亚类	代号	省土类	代号
轻壤浅位中黏化层耕种黄土质碳酸盐褐土	24	浅黏垴绵垆土	21	黄土质褐土	B.a.1	褐土	B.a		
轻壤浅位厚黏化层耕种黄土质碳酸盐褐土	25								
轻壤深位中黏化层耕种黄土质碳酸盐褐土	26								
轻壤深位厚黏化层耕种黄土质碳酸盐褐土	27								
厚层耕种黄土质山地褐土	4	深黏垴黄垆土	26	黄土质石灰性褐土	B.b.1	石灰性褐土	B.b		
黏土耕种灌淤碳酸盐褐土	28	二合淤黄垆土	45	灌淤石灰性褐土	B.b.6				
中层黄土质淋溶褐土	1	黄淋土	62	黄土质淋溶褐土	B.C.7	淋溶褐土	B.c	褐土	B
中壤重蚀黄土质褐土性土	13		83	黄土质褐土性土	B.e.4				
厚层黄土质山地褐土性土	3	立黄土	85						
轻壤耕种黄土质褐土性土	14	耕立黄土	89						
轻壤中蚀黄土质褐土性土	12	垴坡立黄土	90						
轻壤中蚀耕种黄土质褐土性土	15	耕沙砾立黄土	93						
厚层红黄土质山地褐土	5	红立黄土	102	红黄土质褐土性土	B.e.5	褐土性土	B.e		
中层红黄土质山地褐土	6								
厚层耕种红黄土质山地褐土	7	耕红立黄土	103						
中壤耕种红黄土质褐土性土	17								
中壤深位厚层料姜层耕种红黄土质褐土性土	19								
中壤中蚀红黄土质褐土性土	16	二合红立黄土	105						
中壤中蚀耕种红黄土质褐土性土	18	耕二合红立黄土	106						
厚层耕种洪积山地褐土	10	耕洪立黄土	112	洪积褐土性土	B.e.7				
中壤耕种洪积褐土性土	22								
厚层耕种沟淤山地褐土	9	沟淤土	124	沟淤褐土性土	B.e.8				
轻壤耕种沟淤褐土性土	20								
中壤耕种沟淤褐土性土	21								
中壤耕种堆垫褐土性土	23	堆垫土	133	堆垫褐土性土	B.e.10				

（续）

县级土种名称	代号	省级土种名称	代号	省级土属名称	代号	省亚类	代号	省土类	代号
厚层红土质山地褐土	8	大瓣红土	213	红黏土	F.a.1	红黏土	F.a	红黏土	F
薄层砂页岩质粗骨性褐土	11	薄砂渣土	237	沙泥质中性粗骨土	K.a.4	中性粗骨土	K.a	粗骨土	K
中层石灰岩质山地褐土	2	灰渣土	242	钙质粗骨土	K.b.1	钙质粗骨土	K.b		

第四章　耕地地力评价

第一节　耕地地力分级

一、面积统计

汾西县耕地面积391 983.23亩。按照《全国耕地类型区、耕地地力等级划分》（NY/T 309—1996）标准，通过对每个评价单元 *IFI* 值的计算，对照分级标准，确定每个评价单元的地力等级。汇总结果见表4-1。

表4-1　汾西县耕地地力统计表

地方分级	对应国家等级	面　积（亩）	所占比重（%）
1	3	23 321.71	5.95%
2	3~4	32 720.41	8.35%
3	4~7	155 743.15	39.73%
4	7~9	136 997.26	34.95%
5	9~10	43 200.61	11.02%

二、地域分布

汾西县耕地主要分布在黄土丘陵区、土石山区和沿河河谷阶地区。

第二节　耕地地力等级分布

一、一　级　地

（一）面积和分布

本级耕地面积为23 321.71亩，占总耕地面积的5.95%。主要分布在团柏河、勍香河、对竹河、佃坪河两岸的阶地和高河漫滩地。佃坪乡、对竹镇、勍香镇、僧念镇、团柏乡、邢家要乡、永安镇均有分布。其中，佃坪乡1 288.80亩，对竹镇2 305.10亩，勍香镇8 766.61亩，僧念镇657.45亩，团柏乡4 613.26亩，邢家要乡36.91亩，永安镇5 653.58亩。

（二）主要属性分析

本级土壤类型为褐土和少量潮土，包括褐土、潮土、褐土性土和石灰性褐土4个亚类。成土母质主要为近代河流冲积物、洪积物、淤积物和黄土质、红黄土质母质。耕层质地多为壤土，地面平坦，耕层厚为 13～20 厘米，pH 的变化范围为 7.50～8.44，平均值为 8.15。耕层土壤质地适中，保水保肥性能好，农田基础设施较好。

本级耕地土壤有机质平均含量 15.2 克/千克，属省三级水平；全氮平均含量为 0.69 克/千克，属省五级水平；有效磷平均含量为 6.8 毫克/千克，属省五级水平；速效钾平均含量为 142 毫克/千克，属省四级水平；缓效钾平均含量为 857 毫克/千克，属省三级水平；有效硫平均含量 26.90 毫克/千克，属省四级水平；有效铜平均含量 0.70 毫克/千克，属省四级水平；有效锰平均含量 3.60 毫克/千克，属省五级水平；有效锌平均含量 0.70 毫克/千克，属省四级水平；有效铁平均含量 4.68 毫克/千克，属省五级水平；有效硼平均含量 0.35 毫克/千克，属省五级水平。

（三）主要存在问题

一是土层较薄，耕层不深；二是土壤肥力与高产高效的需求仍不适应；三是部分区域地下水资源贫乏，水位持续下降，农田水利设施差，化肥施用量地区之间差异较大，有机肥施用严重不足，引起土壤板结，土壤团粒结构遭到一定程度的破坏；四是部分区域是近几年农资价格的飞速猛长，农民的种粮积极性严重受挫，重用地、轻养地。

（四）合理利用

1. 进一步调整粮经比例，突出发展设施农业，扩大经济作物种植面积，提高耕地产出率。实行间作套种，充分利用光热资源，提高作物产量。

2. 增施有机肥料，实施测土配方施肥，实行秸秆还田，提高土壤肥力。

3. 机械深耕，增加土壤耕层深度，提高作物吸收深层水分和养分的能力。

4. 加强农田水利基础设施建设，大力发展节水灌溉。

二、二 级 地

（一）面积与分布

本级耕地面积为 32 720.41 亩，占总耕地面积的 8.35％。主要分布在黄土丘陵和土石山区之间、沿河岸的川谷地和部分垣地。佃坪乡、对竹镇、汾西县林场、和平镇、勍香镇、僧念镇、团柏乡、邢家要乡、永安镇均有分布。其中佃坪乡 1 055.4 亩，对竹镇 5 570.67 亩，汾西县林场 31.55 亩，和平镇 1 629.70 亩，勍香镇 8 159.95 亩，僧念镇 1 732.67 亩，团柏乡 3 956.83 亩，邢家要乡 520.29 亩，永安镇 10 063.35 亩。

（二）主要属性分析

本级土壤类型为褐土和少量潮土，包括褐土、潮土、褐土性土和石灰性褐土 4 个亚类。成土母质主要为黄土母质以及部分河流洪积物、淤积物。耕层质地多为壤质黏土。耕层厚度 15～19 厘米，pH 的变化范围为 7.19～8.44，平均值为 8.14。耕层土壤性质较好，障碍层不明显，垣地土层深厚。

本级耕地土壤有机质平均含量 14.8 克/千克，属省四级水平；全氮平均含量为 0.68 克/千克，属省五级水平；有效磷平均含量为 7.3 毫克/千克，属省五级水平；速效钾平均含量为 142 毫克/千克，属省四级水平；缓效钾平均含量为 840 毫克/千克，属省三级水平；有效硫平均含量 24.69 毫克/千克，属省五级水平；有效铜平均含量 0.69 毫克/千克，属省四级水平；有效锰平均含量 3.29 毫克/千克，属省五级水平；有效锌平均含量 0.70 毫克/千克，属省四级水平；有效铁平均含量 4.65 毫克/千克，属省五级水平；有效硼平均含量 0.34 毫克/千克，属省五级水平。

（三）存在问题

该级耕地全部为中低产田。一是垣地干旱缺水，农田基础设施不完善；二是部分河川地保水保肥能力差；三是农民科学施肥意识不够强，盲目施用化肥现象严重，有机肥施用量少；四是对耕作土壤进行粗放式管理，土壤肥力低，重用地轻养地；五是耕层浅。

（四）合理利用

1. 坚持"用地养地"相结合的原则，合理作物布局。

2. 鼓励农民广开有机肥源，多积肥、增施肥；推广秸秆还田、测土配方施肥。

3. 加强农田整治，实行田、路、管、渠综合配套，建设高产、高效田。

4. 科学开发、配置水利资源，实行节水灌溉。

5. 机械深耕，增加土壤耕层深度，提高作物吸收深层水分和养分的能力。

三、三 级 地

（一）面积与分布

本级耕地面积为 155 743.2 亩，占总耕地面积的 39.73%。主要分布在丘陵和土石山区之间的沟谷地和部分垣地。佃坪乡、对竹镇、汾西县林场、和平镇、勍香镇、僧念镇、团柏乡、邢家要乡、永安镇均有分布。其中佃坪乡 7 415.63 亩，对竹镇 14 616.10 亩，汾西县林场 71.18 亩，和平镇 25 199.25 亩，勍香镇 13 212.60 亩，僧念镇 28 973.54 亩，团柏乡 16 568.05 亩，邢家要乡 17 080.40 亩，永安镇 32 606.40 亩。

（二）主要属性分析

本级土壤类型主要为褐土，主要包括褐土、褐土性土和石灰性褐土 3 个亚类，耕层质地壤质黏土占 50% 以上，其余为中壤、轻壤。耕层厚度 15～9 厘米，pH 的变化范围为 6.56～8.44，平均值为 8.13。垣地土层深厚，障碍层不明显。

本级耕地土壤有机质平均含量 14.1 克/千克，属省四级水平；全氮平均含量为 0.66 克/千克，属省五级水平；有效磷平均含量为 7.6 毫克/千克，属省五级水平；速效钾平均含量为 142 毫克/千克，属省四级水平；缓效钾平均含量为 825 毫克/千克，属省三级水平；有效硫平均含量 21.62 毫克/千克，属省五级水平；有效铜平均含量 0.62 毫克/千克，属省四级水平；有效锰平均含量 2.76 毫克/千克，属省五级水平；有效锌平均含量 0.66 毫克/千克，属省四级水平；有效铁平均含量 3.86 毫克/千克，属省五级水平；有效硼平均含量 0.34 毫克/千克，属省五级水平。

（三）存在问题

该级耕地全部为中低产田。一是农田基础条件差；二是有机肥用量少，土壤肥力低；三是盲目施肥现象普遍；四是投入不足，重用轻养；五是耕层浅。

（四）合理利用

应"用养结合"，培肥地力为主，一是合理布局，实行轮作，倒茬，尽可能做到豆科与禾本科，使养分调剂，余缺互补；二是推广秸秆还田，增施有机肥，提高土壤肥力；三是推广测土配方施肥技术；四是建设灌溉设施，发展农田灌溉。五是机械深耕，增加土壤耕层深度，提高作物吸收深层水分和养分的能力。

四、四 级 地

（一）面积与分布

本级耕地面积为 136 997.3 亩，占总耕地面积的 34.95%。主要分布在部分黄土台垣地和耕作条件较好的黄土丘陵和山地梯田。佃坪乡、对竹镇、汾西县林场、和平镇、勍香镇、僧念镇、团柏乡、邢家要乡、永安镇均有分布。其中佃坪乡 30 585.66 亩，对竹镇22 039.21 亩，汾西县林场 129.20 亩，和平镇 12 851.59 亩，勍香镇 17 900.07 亩，僧念镇9 870.47 亩，团柏乡 2 624.09 亩，邢家要乡 9 375.84 亩，永安镇 31 621.13 亩。

（二）主要属性分析

本级土壤类型主要为褐土，主要包括褐土、褐土性土和石灰性褐土 3 个亚类，耕层质地多为壤质黏土。耕层厚度 10～20 厘米，pH 的变化范围为 7.19～8.75，平均值为 8.15。

本级耕地土壤有机质平均含量 13.8 克/千克，属省四级水平；全氮平均含量为 0.69克/千克，属省五级水平；有效磷平均含量为 6.4 毫克/千克，属省五级水平；速效钾平均含量为 132 毫克/千克，属省四级水平；缓效钾平均含量为 825 毫克/千克，属省三级水平；有效硫平均含量 22.65 毫克/千克，属省五级水平；有效铜平均含量 0.71 毫克/千克，属省四级水平；有效锰平均含量 3.59 毫克/千克，属省五级水平；有效锌平均含量 0.68毫克/千克，属省四级水平；有效铁平均含量 4.80 毫克/千克，属省五级水平；有效硼平均含量 0.32 毫克/千克，属省五级水平。

（三）存在问题

该级耕地全部为中低产田。受地理环境影响，农田基础设施差，全部为旱地，耕地保水保肥性能差，水土流失严重，土壤养分低，肥力瘠薄，耕作粗放，重用轻养。

（四）合理利用

加强农田基础设施建设，搞好平田整地，防止水土流失；采用机械深翻，加厚耕作层，充分纳雨蓄深墒；增施有机肥料，实施测土配方施肥，因地制宜建设集雨旱井发展农田补灌，进一步挖掘增产潜力。

五、五 级 地

（一）面积与分布

本级耕地面积为 43 200.61 亩，占总耕地面积的 11.02%。主要分布在黄土丘陵和山地梯田。佃坪乡、对竹镇、汾西县林场、和平镇、勍香镇、僧念镇、团柏乡、邢家要乡、永安镇均有分布。其中佃坪乡 936.11 亩，对竹镇 2 065.11 亩，汾西县林场 169.83 亩，和平镇 10 690.03 亩，勍香镇 1 724.80 亩，僧念镇 10 251.88 亩，团柏乡 4 236.66 亩，邢家要乡 4 452.10 亩，永安镇 8 674.09 亩。

（二）主要属性分析

本级土壤类型主要为褐土，主要包括褐土、褐土性土和石灰性褐土 3 个亚类，耕层质地以壤质黏土、轻壤、中壤为主。耕层厚度 10～19 厘米，pH 的变化范围为 7.81～8.75，平均值为 8.13。

本级耕地土壤有机质平均含量 14.3 克/千克，属省四级水平；全氮平均含量为 0.64 克/千克，属省五级水平；有效磷平均含量为 7.8 毫克/千克，属省五级水平；速效钾平均含量为 146 毫克/千克，属省四级水平；缓效钾平均含量为 835 毫克/千克，属省三级水平；有效硫平均含量 22.27 毫克/千克，属省五级水平；有效铜平均含量 0.60 毫克/千克，属省四级水平；有效锰平均含量 2.47 毫克/千克，属省五级水平；有效锌平均含量 0.66 毫克/千克，属省四级水平；有效铁平均含量 3.49 毫克/千克，属省五级水平；有效硼平均含量 0.34 毫克/千克，属省五级水平。

（三）存在问题

该级耕地全部为低产田，是典型的雨养农业区，受地理环境、气候因素制约较大，干旱、瘠薄是限制农业生产的主要因子；有效磷含量少，土壤肥力差，田面坡度大，水土流失严重；干旱缺水，耕作层浅，土壤团粒结构差，保水保肥性能差；耕作粗放，重用轻养。

（四）合理利用

在改良措施上，要搞好农田基本建设，改坡耕地为梯田，防止水土流失；深耕改土，增施有机肥，补施微肥，实施测土配方施肥，提高土壤肥力。

第五章 中低产田类型分布及改良利用

第一节 中低产田类型及面积概述

中低产田是指存在各种制约农业生产的土壤障碍因素，产量相对低而不稳定的耕地。

通过对汾西县耕地地力状况的调查，根据土壤主导障碍因素的改良主攻方向，依据中华人民共和国农业部发布的行业标准 NY/T 310—1996、《山西省中低产田类型划分与改良技术规程》，结合实际进行分析，汾西县中低产田划分为两个类型：坡地梯改型、瘠薄培肥型，共计面积 335 941.02 亩，占总耕地面积的 85.70%。

瘠薄培肥型是指受气候、地形条件限制，造成干旱、缺水、土壤养分含量低、结构不良、投肥不足、产量低于当地高产农田，只能通过连年深耕、培肥土壤、改革耕作制度，推广旱作农业技术等长期性的措施逐步加以改良的耕地。瘠薄培肥型面积 228 496.76 亩，占全县总耕地面积的 58.29%。

坡地梯改型是指主导障碍因素为土壤侵蚀，以及与其相关的地形、地面坡度、土体厚度，土体构型与物质组成，耕作熟化层厚度与熟化程度等，需要通过修筑梯田埂等田间水保工程加以改良治理的坡耕地。坡地梯改型面积 107 444.26 亩，占全县总耕地面积的 27.41%。

汾西县中低产田类型面积见表 5 - 1。

表 5 - 1　汾西县中低产田类型面积统计

类　型	面积（亩）	占耕地总面积（%）	占中低产田面积（%）
瘠薄培肥型	228 496.76	58.29	68.02
坡地梯改型	107 444.26	27.41	31.98
合　计	335 941.02	85.70	100.00

第二节　中低产田类型分布及改良利用措施

一、瘠薄培肥型

（一）面积与分布

汾西县瘠薄培肥型耕地面积为 228 496.76 亩，占全县总耕地面积的 58.29%，占全县中低产田面积的 68.02%。佃坪乡、对竹镇、汾西县林场、和平镇、勍香镇、僧念镇、团柏乡、邢家要乡和永安镇均有分布。其中，佃坪乡为 31 250.11 亩，对竹镇为 26 725.61 亩，汾西县林场为 349.4 亩，和平镇为 34 788.45 亩，勍香镇为 23 199.84 亩，僧念镇为 31 722.13 亩，团柏乡为 12 489.65 亩，邢家要乡为 14 500.60 亩，永安镇为 53 470.97 亩。

（二）生产性能及存在问题

该类型耕地全部分为旱耕地，大部分属于山地梯田和缓坡梯田。土壤类型主要是褐土。成土母质为黄土母质。地力等级 3～5 级，耕地土壤有机质平均含量为 13.9 克/千克，全氮平均含量为 0.67 克/千克，有效磷平均含量为 7.0 毫克/千克，速效钾平均含量为 138 毫克/千克，有效铁平均含量为 4.28 毫克/千克，有效锰平均含量为 3.15 毫克/千克，有效铜平均含量为 0.66 毫克/千克，有效锌平均含量为 0.67 毫克/千克，有效硼平均含量为 0.33 毫克/千克，有效硫平均含量为 22.35 毫克/千克。

存在的主要问题：一是田面不平，水土流失严重；二是干旱缺水，土体干燥；三是土质粗劣，肥力较差；四是管理粗放，广种薄收。

（三）改良利用措施

1. 采取机械深松、深耕措施，打破犁底层，以蓄水保墒。

2. 开展秸秆还田，增施有机肥，提高土壤有效磷，达到以肥改土、以土保肥、保水的目的。

3. 实施粮豆间作，培肥地力。

4. 平整土地，修垄补堰，达到田面平整，保水保肥。

5. 增施有机肥料，亩施 2 500～3 500 千克，连续 3 年。连年开展秸秆还田。

二、坡地梯改型

（一）面积与分布

汾西县坡地梯改型面积为 107 444.26 亩，占全县总耕地面积的 27.41%，占全县中低产田面积的 31.98%。主要分布土石山区和黄土丘陵区。佃坪乡、对竹镇、汾西县林场、和平镇、勍香镇、僧念镇、团柏乡、邢家要乡和永安镇均有分布。其中，佃坪乡为 7 687.29 亩，对竹镇为 11 994.81 亩，汾西县林场为 20.81 亩，和平镇为 13 952.42 亩，勍香镇为 9 637.63 亩，僧念镇为 17 373.76 亩，团柏乡为 10 939.15 亩，邢家要乡为 16 407.74 亩，永安镇为 19 430.65 亩。

（二）生产性能及存在问题

该类型耕地地形坡度、地面坡度较大，园田化水平较低，土壤类型主要为褐土，成土母质主要为黄土母质。耕地土壤有机质平均含量为 14.3 克/千克，全氮平均含量为 0.67 克/千克，有效磷平均含量为 7.5 毫克/千克，速效钾平均含量为 139 毫克/千克，有效铁平均含量为 4.00 毫克/千克，有效锰平均含量为 2.84 毫克/千克，有效铜平均含量为 0.63 毫克/千克，有效锌平均含量为 0.67 毫克/千克，有效硼平均含量为 0.33 毫克/千克，有效硫平均含量为 21.54 毫克/千克。

存在的主要问题是地面坡度大，土壤受雨水冲刷侵蚀，水土流失严重；土壤干旱瘠薄、耕作层浅，多年来广种薄收，种植效益低下。

（三）改良利用措施

1. 梯田工程 对坡耕地进行土地整治，修建梯田，减少田面坡长，使地面平整，变降雨的坡面径流为垂直入渗。对缓坡梯田采取内切外垫，大平大整，修建高标准水平梯田。通过梯田工程，达到防止水土流失的目的，增强土壤水分储备和抗旱能力。

2. 增加土层及耕作熟化层厚度　新建梯田的土层厚度相对较薄，耕作熟化程度较低。采取客土改良措施，增加土层厚度；施用土壤熟化剂，亩施用硫酸亚铁 50 千克，连续 3 年，加速土壤熟化。梯田土层厚度的一般标准为：土层厚大于 80 厘米，耕作熟化层大于 20 厘米，高标准为土层厚大于 100 厘米，耕作熟化层厚度大于 25 厘米。

3. 粮、林、草并重　此类耕地今后的利用方向应是粮、林、草并重，因地制宜，发展经济林、牧草种植面积，促进林牧发展。

4. 耕作培肥　3 年内深耕 1～2 次，亩增施有机肥料 2 000 千克以上，连年开展秸秆还田。

第六章　耕地地力评价与测土配方施肥

第一节　测土配方施肥的原理与方法

一、测土配方施肥的含义

测土配方施肥是以肥料田间试验、土壤测试为基础，根据作物需肥规律、土壤供肥性能和肥料效应，在合理施用有机肥料的基础上，提出氮、磷、钾及中、微量元素等肥料的施用品种、数量、施肥时期和施用方法。通俗地讲，就是在农业科技人员指导下科学施用配方肥。测土配方施肥技术的核心是调整和解决作物需肥与土壤供肥之间的矛盾。同时有针对性地补充作物所需的营养元素，作物缺什么元素就补充什么元素，需要多少补充多少，实现各种养分平衡供应，满足作物的需要。达到增加作物产量、改善农产品品质、节省劳力、节支增收的目的。

二、应用前景

土壤有效养分是作物营养的主要来源，施肥是补充和调节土壤养分数量与补充作物营养最有效手段之一。作物因其种类、品种、生物学特性、气候条件以及农艺措施等诸多因素的影响，其需肥规律差异较大。因此，及时了解不同作物种植土壤中的土壤养分变化情况，对于指导科学施肥具有广阔的发展前景。

测土配方施肥是一项应用性很强的农业科学技术，在农业生产中大力推广应用，对促进农业增效、农民增收具有十分重要的作用。通过测土配方施肥的实施，能达到5个目标：一是节肥增产。在合理施用有机肥的基础上，提出合理的化肥投入量，调整养分配比，使作物产量在原有基础上能最大限度地发挥其增产潜能；二是提高产品品质。通过田间试验和土壤养分化验，在掌握土壤供肥状况，优化化肥投入的前提下，科学调控作物所需养分的供应，达到改善农产品品质的目标；三是提高肥效。在准确掌握土壤供肥特性，作物需肥规律和肥料利用率的基础上，合理设计肥料配方，从而达到提高产投比和增加施肥效益的目标；四是培肥改土。实施测土配方施肥必须坚持用地与养地相结合、有机肥与无机肥相结合，在逐年提高作物产量的基础上，不断改善土壤的理化性状，达到培肥和改良土壤，提高土壤肥力和耕地综合生产能力，实现农业可持续发展；五是生态环保。实施测土配方施肥，可有效地控制化肥特别是氮肥的投入量，提高肥料利用率，减少肥料的面源污染，避免因施肥引起的富营养化，实现农业高产和生态环保相协调的目标。

三、测土配方施肥的依据

1. 土壤肥力是决定作物产量的基础　肥力是土壤的基本属性和质的特征，是土壤从养分条件和环境条件方面，供应和协调作物生长的能力。土壤肥力是土壤的物理、化学、生物学性质的反映，是土壤诸多因子共同作用的结果。农业科学家通过大量的田间试验和示踪元素的测定证明，作物产量的构成，有40%～80%的养分吸收自土壤。养分吸收自土壤比例的大小和土壤肥力的高低有着密切的关系，土壤肥力越高，作物吸自土壤养分的比例就越大，相反，土壤肥力越低，作物吸自土壤的养分越少，那么肥料的增产效应相对增大，但土壤肥力低绝对产量也低。要提高作物产量，首先要提高土壤肥力，而不是依靠增加肥料。因此，土壤肥力是决定作物产量的基础。

2. 测土配方施肥原则　有机与无机相结合、大中微量元素相配合、用地和养地相结合是测土配方施肥的主要原则，实施配方施肥必须以有机肥为基础，土壤有效磷含量是土壤肥力的重要指标。增施有机肥可以增加土壤有效磷含量，改善土壤理化生物性状，提高土壤保水保肥性能，增强土壤活性，促进化肥利用率的提高，各种营养元素的配合才能获得高产稳产。要使作物—土壤—肥料形成物质和能量的良性循环，必须坚持用养结合，投入产出相对平衡，保证土壤肥力的逐步提高，达到农业的可持续发展。

3. 测土配方施肥理论依据　测土配方施肥是以养分学说，最小养分律、同等重要律、不可代替律、肥料效应报酬递减律和因子综合作用律等为理论依据，以确定不同养分的施肥总量和肥料配比为主要内容。同时注意良种、田间管护等影响肥效的诸多因素，形成了测土配方施肥的综合资源管理体系。

（1）养分归还学说：作物产量的形成有40%～80%的养分来自土壤。但不能把土壤看作一个取之不尽，用之不竭的"养分库"。为保证土壤有足够的养分供应容量和强度，保证土壤养分的携出与输入间的平衡，必须通过施肥这一措施来实现。依靠施肥，可以把作物吸收的养分"归还"土壤，确保土壤肥力。

（2）最小养分律：作物生长发育需要吸收各种养分，但严重影响作物生长、限制作物产量的是土壤中那种相对含量最小的养分因素。也就是最缺的那种养分。如果忽视这个最小养分，即使继续增加其他养分，作物产量也难以提高。只有增加最小养分的量，产量才能相应提高。经济合理的施肥是将作物所缺的各种养分同时按作物所需比例相应提高，作物才会优质高产。

（3）同等重要律：对作物来讲，不论大量元素或微量元素，都是同样重要缺一不可的，即使缺少某一种微量元素，尽管它的需要量很少，仍会影响某种生理功能而导致减产。微量元素和大量元素同等重要，不能因为需要量少而忽略。

（4）不可替代律：作物需要的各种营养元素，在作物体内都有一定的功效，相互之间不能替代，缺少什么营养元素，就必须施用含有该元素的肥料进行补充，不能互相替代。

（5）报酬递减律：随着投入的单位劳动和资本量的增加，报酬的增加却在减少，当施肥量超过适量时，作物产量与施肥量之间单位施肥量的增产会呈递减趋势。

（6）因子综合作用律：作物产量的高低是由影响作物生长发育诸因素综合作用的结果，但其中必有一个起主导作用的限制因子，产量在一定程度上受该限制因素的制约。为了充分发挥肥料的增产作用和提高肥料的经济效益，一方面，施肥措施必须与其他农业技术措施相结合，发挥生产体系的综合功能；另一方面，各种养分之间的配合施用，也是提高肥效不可忽视的问题。

四、测土配方施肥确定施肥量的基本方法

1. 土壤与植物测试推荐施肥方法　该技术综合了目标产量法、养分丰缺指标法和作物营养诊断法的优点。对于大田作物，在综合考虑有机肥、作物秸秆应用和管理措施的基础上，根据氮、磷、钾和中、微量元素养分的不同特征，采取不同的养分优化调控与管理策略。其中，氮肥推荐根据土壤供氮状况和作物需氮量，进行实时动态监测和精确调控，包括基肥和追肥的调控；磷、钾肥通过土壤测试和养分平衡进行监控；中、微量元素采用因缺补缺的矫正施肥策略。该技术包括氮素实时监控、磷钾养分恒量监控和中、微量元素养分矫正施肥技术。

（1）氮素实时监控施肥技术：根据不同土壤、不同作物、不同目标产量确定作物需氮量，以需氮量的30％～60％作为基肥用量。具体基施比例根据土壤有效磷含量，同时参照当地丰缺指标来确定。一般在有效磷含量偏低时，采用需氮量的50％～60％作为基肥；在有效磷含量居中时，采用需氮量的40％～50％作为基肥；在有效磷含量偏高时，采用需氮量的30％～40％作为基肥。30％～60％基肥比例可根据上述方法确定，并通过"3414"田间试验进行校验，建立当地不同作物的施肥指标体系。有条件的地区可在播种前对0～20厘米土壤无机氮进行监测，调节基肥用量。

$$基肥用量（千克/亩）=\frac{（目标产量需氮量-土壤无机氮）\times（30\%～60\%）}{肥料中养分含量\times肥料当季利用率}$$

其中：

土壤无机氮（千克/亩）＝土壤无机氮测试值（毫克/千克）×0.15×校正系数

氮肥追肥用量推荐以作物关键生育期的营养状况诊断或土壤硝态氮的测试为依，这是实现氮肥准确推荐的关键环节，也是控制过量施氮或施氮不足、提高氮肥利用率和减少损失的重要措施。测试项目主要是土壤有效磷含量、土壤硝态氮含量或小麦拔节期茎基部硝酸盐浓度、玉米最新展开叶叶脉中部硝酸盐浓度，水稻采用叶色卡或叶绿素仪进行叶色诊断。

（2）磷钾养分恒量监控施肥技术：根据土壤有（速）效磷、钾含量水平，以土壤有（速）效磷、钾养分不成为实现目标产量的限制因子为前提，通过土壤测试和养分平衡监控，使土壤有（速）效磷、钾含量保持在一定范围内。对于磷肥，基本思路是根据土壤有效磷测试结果和养分丰缺指标进行分级，当有效磷水平处在中等偏上时，可以将目标产量需要量（只包括带出田块的收获物）的100％～110％作为当季磷肥用量；随着有效磷含量的增加，需要减少磷肥用量，直至不施；随着有效磷的降低，需要适当增加磷肥用量，在极缺磷的土壤上，可以施到需要量的150％～200％。在2～3年后再次测土时，根据土壤有效磷和产量的变化再对磷肥用量进行调整。钾肥首先需要确定施用钾肥是否有效，再参照上面方法确定钾肥用量，但需要考虑有机肥和秸秆还田带入的钾量。一般大田作物磷、钾肥料全部做基肥。

（3）中、微量元素养分矫正施肥技术：中、微量元素养分的含量变幅大，作物对其需要量也各不相同。主要与土壤特性（尤其是母质）、作物种类和产量水平等有关。矫正施

肥就是通过土壤测试，评价土壤中、微量元素养分的丰缺状况，进行有针对性的因缺补缺的施肥。

2. 肥料效应函数法　根据"3414"方案田间试验结果建立当地主要作物的肥料效应函数，直接获得某一区域、某种作物的氮、磷、钾肥料的最佳施用量，为肥料配方和施肥推荐提供依据。

3. 土壤养分丰缺指标法　通过土壤养分测试结果和田间肥效试验结果，建立不同作物、不同区域的土壤养分丰缺指标，提供肥料配方。

土壤养分丰缺指标田间试验也可采用"3414"部分实施方案。"3414"方案中的处理1为空白对照（CK），处理6为全肥区（NPK），处理2、4、8为缺素区（即PK、NK和NP）。收获后计算产量，用缺素区产量占全肥区产量百分数即相对产量的高低来表达土壤养分的丰缺情况。相对产量低于50％的土壤养分为极低；相对产量50％～60％（不含）为低，60％～70％（不含）为较低，70％～80％（不含）为中，80％～90％（不含）为较高，90％（含）以上为高（也可根据当地实际确定分级指标），从而确定适用于某一区域、某种作物的土壤养分丰缺指标及对应的肥料施用数量。对该区域其他田块，通过土壤养分测试，就可以了解土壤养分的丰缺状况，提出相应的推荐施肥量。

4. 养分平衡法

（1）基本原理与计算方法：根据作物目标产量需肥量与土壤供肥量之差估算施肥量，计算公式为：

$$施肥量（千克/亩）=\frac{目标产量所需养分总量-土壤供肥量}{肥料中养分含量×肥料当季利用率}$$

养分平衡法涉及目标产量、作物需肥量、土壤供肥量、肥料利用率和肥料中有效养分含量五大参数。土壤供肥量即为"3414"方案中处理1的作物养分吸收量。目标产量确定后因土壤供肥量的确定方法不同，形成了地力差减法和土壤有效养分校正系数法两种。

地力差减法是根据作物目标产量与基础产量之差来计算施肥量的一种方法。其计算公式为：

$$施肥量（千克/亩）=\frac{（目标产量-基础产量）×单位经济产量所需养分总量}{肥料中养分含量×肥料当季利用率}$$

基础产量即为"3414"方案中处理1的产量。

土壤有效养分校正系数法是通过测定土壤有效养分含量来计算施肥量。其计算公式为：

$$施肥量=\frac{养分系数×目标产量-土壤测试值×0.15×土壤有效养分校正系数}{肥料中养分含量×肥料利用率}$$

（2）有关参数的确定

——目标产量

目标产量可采用平均单产法来确定。平均单产法是利用施肥区前三年平均单产和年递增率为基础确定目标产量，其计算公式是：

$$目标产量（千克/亩）=（1+递增率）×前3年平均单产（千克/亩）$$

一般粮食作物的递增率为10％～15％，露地蔬菜为20％，设施蔬菜为30％。

——作物需肥量

通过对正常成熟的农作物全株养分的分析，测定各种作物百千克经济产量所需养分量，乘以目标常量即可获得作物需肥量。

$$作物目标产量所需养分量（千克/亩）＝\frac{目标产量×100\ 千克产量所需养分量}{100}$$

——土壤供肥量

土壤供肥量可以通过测定基础产量、土壤有效养分校正系数两种方法估算：

通过基础产量估算（处理1产量）：不施肥区作物所吸收的养分量作为土壤供肥量。

$$土壤供肥量（千克/亩）＝\frac{不施肥区农作物产量（千克）×100\ 千克产量所需养分量（千克）}{100}$$

通过土壤有效养分校正系数估算：将土壤有效养分测定值乘一个校正系数，以表达土壤"真实"供肥量。该系数称为土壤有效养分校正系数。

$$土壤有效养分校正系数（\%）＝\frac{缺素区作物地上部分吸收该元素量（千克/亩）}{该元素土壤测定值（毫克/千克）×0.15}$$

——肥料利用率

吸收的养分量，其差值视为肥料供应的养分量，再除以所用肥料养分量就是肥料利用率。

$$肥料利用率（\%）＝\frac{施肥区农作物吸收养分量－缺素区农作物吸收养分量}{肥料利用率×肥料中养分含量}×100$$

上述公式以计算氮肥利用率为例来进一步说明。

施肥区（NPK区）农作物吸收养分量（千克/亩）："3414"方案中处理6的作物总吸氮量；

缺氮区（PK区）农作物吸收养分量（千克/亩）："3414"方案中处理2的作物总吸氮量；

肥料施用量（千克/亩）：施用的氮肥肥料用量；

肥料中养分含量（%）：施用的氮肥肥料所标明的含氮量。

如果同时使用了不同品种的氮肥，应计算所用的不同氮肥品种的总氮量。

——肥料养分含量

供施肥料包括无机肥料与有机肥料。无机肥料、商品有机肥料含量按其标明量，不明养分含量的有机肥料养分含量可参照当地不同类型有机肥养分平均含量获得。

第二节　粮食作物测土配方施肥技术

立足汾西县实际情况，根据历年来的冬小麦、春玉米、马铃薯、谷子等作物的产量水平，土壤养分检测结果，田间肥料效应试验结果，同时结合全县农田基础，制定了冬小麦、春玉米、马铃薯、谷子的配方施肥方案，并和配方肥生产企业联合，大力推广应用配方肥，取得了很好的实施效果。

制定施肥配方的原则：

1. 施肥数量准确　根据土壤肥力状况、作物营养需求，合理确定不同肥料品种施用数量，满足农作物目标产量的养分需求，防止过量施肥或施肥不足。

2. 施肥结构合理　提倡秸秆还田，增施有机肥料，兼顾中微量元素肥料，做到有机无机相结合，氮、磷、钾养分相均衡，不偏施或少施某一养分。

3. 施用时期适宜　根据不同作物的阶段性营养特征，确定合理的基肥追肥比例和适宜的施肥时期，满足作物养分敏感期和快速生长期等关键时期养分需求。

4. 施用方式恰当　针对不同肥料品种特性、耕作制度和施肥时期，坚持农机农艺结合，选择基肥深施、追肥条施穴施、叶面喷施等施肥方法，减少撒施、表施等。

一、冬小麦科学施肥指导意见

1. 水浇地冬小麦

（1）存在问题与施肥原则：针对水浇地冬小麦氮磷化肥用量普遍偏高，肥料增产效率下降，有机肥施用不足，微量元素锌和锰缺乏时有发生等问题，提出如下施肥原则：

①增施有机肥，提倡秸秆还田，有机无机配合。

②依据土壤肥力条件，适当调减氮磷化肥用量，高效施用钾肥，注意锌肥和锰肥配合施用。

③因地因苗施肥，氮肥分期施用，根据苗情调整追肥数量和时期。

④肥料施用与高产优质栽培技术相结合。

（2）施肥量：

①亩产大于 500 千克的麦田，亩施农家肥为 4 000 千克以上；亩施氮肥（N）为 13～15 千克，磷肥（P_2O_5）为 8～10 千克，钾肥（K_2O）为 7～9 千克。

②亩产 400～500 千克的麦田，亩施农家肥为 3 000～4 000 千克；亩施氮肥（N）为 11～13 千克，磷肥（P_2O_5）为 6～8 千克，钾肥（K_2O）为 5～7 千克。

③亩产 300～400 千克的麦田，亩施农家肥为 2 000～3 000 千克；亩施氮肥（N）为 9～11 千克，磷肥（P_2O_5）为 5～6 千克，钾肥（K_2O）为 4～5 千克。

④亩产小于 300 千克的麦田，亩施农家肥为 2 000～3 000 千克；亩施氮肥（N）为6～9 千克，磷肥（P_2O_5）为 5～6 千克，土壤速效钾含量＜120 毫克/千克时，适当补施钾肥。

（3）施肥肥法

①作物秸秆还田地块要增加氮肥用量 10％～15％，以协调碳氮比，促进秸秆腐解。

②基、追肥施用深度分别达到 20～25 厘米和 5～10 厘米。

③有机肥、磷、钾、锌、锰等肥一般均作底肥，氮肥 60％～70％底施、30％～40％追施。对返青前亩总茎数小于 45 万的三类麦田，春季追肥分 2 次进行，第一次在返青期随浇水追施总追氮量的 1/3，第二次在拔节期随浇水追施总追氮量的 2/3；对返青前亩总茎数 45 万～60 万的二类麦田，结合起身期浇水追施总追氮量的全部；对返青前亩总茎数 60 万～80 万的一类麦田应氮肥后移，在拔节期随浇水 1 次追肥；对返青前亩总茎数大于 80 万的旺长苗，应减施氮肥控制群体，在拔节期适量追肥。

④在拔节到孕穗期喷施 1～2 次 0.2％的硫酸锌或硫酸锰，抽穗至乳熟期连续喷施 2～

3 次 0.2％～0.3％的磷酸二氢钾溶液，有脱肥早衰现象的可加入 2％的尿素混合喷施。

2. 旱地冬小麦

（1）存在问题与施肥原则：针对旱地雨养区冬小麦养分投入少，有机肥施用不足等问题，提出以下施肥原则：

①依据土壤肥力条件，坚持"适氮、稳磷、补微"的施肥力针。

②增施有机肥，提倡有机无机配合。

③大量元素肥料要按照小麦需肥规律，调整好适宜的比例和用量，同时，基肥和追肥比例同样要合理。还必须注意锰和锌等微量元素肥料的配合施用。

④肥料施用应与高产优质栽培技术相结合。

（2）施肥量：

①亩产大于 300 千克的麦田，亩施农家肥为 4 000 千克以上；亩施氮肥（N）为 10～13 千克，磷肥（P_2O_5）为 8～10 千克，钾肥（K_2O）为 5～7 千克。

②亩产 150～300 千克的麦田，亩施农家肥为 3 000～4 000 千克；亩施氮肥（N）为 8～10 千克，磷肥（P_2O_5）为 6～8 千克，钾肥（K_2O）为 3～5 千克。

③亩产小于 150 千克的麦田，亩施农家肥为 3 000 千克左右；亩施氮肥（N）为 6～8 千克，磷肥（P_2O_5）为 5～6 千克，土壤速效钾含量＜100 毫克/千克时，适当补施钾肥。

（3）施肥方法：

①作物秸秆还田地块要增加氮肥用量 10％～15％，以协调碳氮比，促进秸秆腐解。

②有机肥和磷、钾肥作底肥一次施入，氮肥 70％～80％作基肥，20％～30％作追肥。

二、春玉米施肥方案

1. 存在问题与施肥原则　春玉米生产存在的主要施肥问题有：

（1）氮肥一次性施肥面积较大，在一些地区易造成前期烧种、烧苗和后期脱肥。

（2）有机肥施用量较少，秸秆还田比例较低。

（3）种植密度较低，保苗株数不够，影响肥料应用效果。

（4）土壤耕层过浅，影响根系发育，易旱、易倒伏。

根据上述问题，提出以下施肥原则：

（1）氮肥分次施用，适当降低基肥用量、充分利用磷钾肥后效；

（2）土壤 pH 高、高产地块和缺锌的土壤注意施用锌肥；

（3）增加有机肥用量，加大秸秆还田力度；

（4）推广应用高产耐密品种，适当增加玉米种植密度，提高玉米产量，充分发挥肥料效果；

（5）深松打破犁底层，促进根系发育，提高水肥利用效率。

2. 施肥建议

（1）施肥量：

①春玉米产量为 400 千克/亩以下地块，氮肥（N）用量推荐为 6～8 千克/亩，磷肥（P_2O_5）用量为 4～5 千克/亩，土壤速效钾含量＜120 毫克/千克时，补施钾肥（K_2O）2

千克/亩。亩施农家肥 1 000 千克以上。

②春玉米产量为 400～500 千克/亩地块，氮肥（N）用量推荐为 8～10 千克/亩，磷肥（P_2O_5）用量为 5～6 千克/亩，土壤速效钾含量＜120 毫克/千克时，适当补施钾肥（K_2O）为 2～3 千克/亩。亩施农家肥 1 000 千克以上。

③春玉米产量为 500～650 千克/亩的地块，氮肥（N）用量推荐为 9～12 千克/亩，磷肥（P_2O_5）为 6～9 千克/亩，钾肥（K_2O）为 3～5 千克/亩。亩施农家肥 1 500 千克以上。

④春玉米产量为 650～750 千克/亩的地块，氮肥用量推荐为 10～14 千克/亩，磷肥（P_2O_5）为 9～11 千克/亩，钾肥（K_2O）为 4～6 千克/亩。亩施农家肥 2 000 千克以上。

⑤春玉米产量为 750～850 千克/亩的地块，氮肥用量推荐为 14～15 千克/亩，磷肥（P_2O_5）为 11～12 千克/亩，钾肥（K_2O）为 5～7 千克/亩。亩施农家肥 2 000 千克以上。

⑥春玉米产量为 850 千克/亩以上的地块，氮肥用量推荐为 15～17 千克/亩，磷肥（P_2O_5）为 12～13 千克/亩，钾肥（K_2O）为 6～8 千克/亩。亩施农家肥 2 000 千克以上。

（2）施肥方法：

①作物秸秆还田地块要增加氮肥用量 10％～15％，以协调碳氮比，促进秸秆腐解。

②大力提倡化肥深施，坚决杜绝肥料撒施。基、追肥施肥深度要分别达到 15～20 厘米、5～10 厘米。

③施足底肥，合理追肥。一般有机肥、磷、钾及中微量元素肥料均作底肥，氮肥则分期施用。春玉米田氮肥 60％～70％底施、30％～40％追施，在质地偏沙、保肥性能差的土壤，追肥的用量可占氮肥总用量的 50％左右。

三、马铃薯施肥方案

1. 存在问题与施肥原则　针对马铃薯生产中普遍存在的重施氮磷肥、轻施钾肥，重施化肥、轻施或不施有机肥的现状，提出以下施肥原则：

（1）增施有机肥。

（2）重施基肥，轻用种肥；基肥为主，追肥为辅。

（3）合理施用氮磷肥，适当增施钾肥。

（4）肥料施用应与高产优质栽培技术相结合。

2. 施肥建议

（1）施肥量：

①马铃薯产量为 1 000 千克/亩以下的地块，氮肥（N）用量推荐为 4～5 千克/亩，磷肥（P_2O_5）为 3～5 千克/亩，钾肥（K_2O）为 1～2 千克/亩。亩施农家肥 1 000 千克以上。

②马铃薯产量为 1 000～1 500 千克/亩的地块，氮肥（N）用量推荐为 5～7 千克/亩，磷肥（P_2O_5）为 5～6 千克/亩，钾肥（K_2O）为 2～3 千克/亩。亩施农家肥 1 000 千克以上。

③马铃薯产量为 1 500～2 000 千克/亩的地块，氮肥（N）用量推荐为 7～8 千克/亩，

磷肥（P_2O_5）为 6～7 千克/亩，钾肥（K_2O）为 3～4 千克/亩。亩施农家肥 1 500 千克以上。

④马铃薯产量为 2 000 千克/亩以上的地块，氮肥（N）用量推荐为 8～10 千克/亩，磷肥（P_2O_5）为 7～8 千克/亩，钾肥（K_2O）为 4～5 千克/亩。亩施农家肥 1 500 千克以上。

（2）施肥方法：有机肥、磷肥全部做基肥。氮肥总量的 60%～70% 做基肥，30%～40% 做追肥。钾肥总量的 70%～80% 做基肥，20%～30% 做追肥。磷肥最好和有机肥混合沤制后施用。基肥可以在秋季或春季结合耕地沟施或撒施后翻入土中。马铃薯追肥一般在开花以前进行，早熟品种在苗期追肥，中晚熟品种在现蕾前追肥。

四、春谷子施肥方案

1. 存在问题与施肥原则　针对春播谷子生产中普遍存在的化肥用量不平衡，肥料增产效率下降，有机肥用量不足，微量元素硼缺乏时有发生等问题，提出以下施肥原则：

（1）依据土壤肥力高低，适当增减氮磷化肥用量。

（2）增施有机肥，提倡有机无机相结合。

（3）将大部分氮肥、全部磷肥和有机肥，结合秋季深耕进行底施。

（4）依据土壤钾素和硼素的丰缺状况，注意钾肥、硼肥的施用。

（5）氮肥的施用坚持"前重后轻"、"基肥为主，追肥为辅"的原则。

（6）肥料施用应与高产优质栽培技术相结合。

2. 施肥建议

（1）施肥量：

①谷子产量为 200 千克/亩以下的地块，氮肥（N）用量推荐为 6～9 千克/亩，磷肥（P_2O_5）为 4～6 千克/亩。

②谷子产量为 200～300 千克/亩的地块，氮肥（N）用量推荐为 9～12 千克/亩，磷肥（P_2O_5）为 5～7 千克/亩，钾肥（K_2O）为 0～4 千克/亩。

③谷子产量为 300 千克/亩以上的地块，氮肥（N）用量推荐为 12～15 千克/亩，磷肥（P_2O_5）为 6～8 千克/亩，钾肥（K_2O）为 4～6 千克/亩。

如果基肥施用了有机肥，可酌情减少化肥用量。

（2）施肥方法：有机肥、磷钾肥和硼砂作基肥一次性深施、早施，氮肥施用根据地力水平进行，即：低产田氮肥全部作基肥施用；中产田氮肥 70% 做基肥施用，30% 在拔节后期作追肥施用；高产田氮肥 60% 作基肥施用，40% 在拔节后期作追肥施用。

第三节　果树测土配方施肥技术

一、苹果施肥方案

1. 存在问题与施肥原则　存在问题主要是：

（1）有机肥施用量不足。汾西县果园有机肥施用量每亩平均仅为 1 000 千克左右，优质有机肥的施用量则更少，无法满足果树生长的需要。

（2）化肥"三要素"施用配比不当，肥料增产效益下降。

（3）中、微量元素肥料施用量不足，用法不当。老果园土壤钙、铁、锌、硼等缺乏时有发生，相应施肥多在出现病症后补施。过量施磷使土壤中元素间拮抗现象增强，影响微量元素的有效性。

针对上述问题，提出以下施肥原则：

（1）增施有机肥，做到有机无机配合施用。

（2）依据土壤肥力和产量水平适当调整化肥三要素配比，注意配施钙、铁、硼、锌。

（3）掌握科学施肥方法，根据树势和树龄分期施用氮磷钾肥料，施用要开沟深施覆土。

2. 施肥建议

（1）施肥量：

①早熟品种、或土壤肥沃、或树龄小、或树势强的果园施优质农家有机肥 2～3 立方米/亩；晚熟品种、土壤瘠薄、树龄大、树势弱的果园施有机肥 3～4 立方米/亩。

②亩产为 2 500 千克以下：氮肥（N）为 12～15 千克/亩，磷肥（P_2O_5）为 4～6 千克/亩，钾肥（K_2O）为 12～15 千克/亩。

③亩产为 2 500～3 500 千克：氮肥（N）为 15～20 千克/亩，磷肥（P_2O_5）为 6～10 千克/亩，钾肥（K_2O）为 15～20 千克/亩。

④亩产为 3 500～4 500 千克：氮肥（N）为 20～25 千克/亩，磷肥（P_2O_5）为 8～12 千克/亩，钾肥（K_2O）为 15～20 千克/亩。

⑤亩产为 4 500 千克以上：氮肥（N）为 25～35 千克/亩，磷肥（P_2O_5）为 10～15 千克/亩，钾肥（K_2O）为 20～30 千克/亩。

（2）施肥方法：

①采用基肥、追肥、叶喷、涂干等相结合的立体施肥方法。基肥以有机肥和适量化肥为主，多在果实采收前后的 9 月中旬至 10 月中旬施入；追肥主要在花前、花后和果实膨大期进行，前期以氮为主，中期以磷、钾为主；叶喷、涂干于 6～8 月进行。施肥时应注意将肥料施在根系密集层，最好与灌水相结合。旱地果树施用化肥不能过于集中，以免引起根害。

②对于旺树，秋季基肥中施用 50% 的氮肥，其余在花芽分化期和果实膨大期施用；对于弱树，秋季基肥中施用 30% 的氮肥，50% 的氮肥在 3 月开花时施用，其余在 6 月中旬施用。70% 的磷肥秋季基施，其余磷肥可在春季施用；40% 的钾肥作秋季基肥，20% 在开花期，40% 在果实膨大期分次施用。

③土壤缺锌、硼和钙而未秋季施肥的果园，每亩施用硫酸锌为 1～1.5 千克、硼砂 0.5～1.0 千克、硝酸钙 30～50 千克，与有机肥混匀后秋季或早春配合基肥施用；或在套袋前叶面喷施 2～3 次。

二、桃树施肥方案

1. 存在问题与施肥原则　针对桃园用肥量差异较大，肥料用量、氮磷钾配比、施肥时期和方法不合理，忽视施肥和灌溉协调等问题，提出以下施肥原则：

（1）增加有机肥施用量，做到有机无机配合施用。

（2）依据土壤肥力状况、品种特性及产量水平，合理调控氮磷钾肥比例，针对性配施硼和锌肥。

（3）追肥的施用时期区别对待，早熟品种早施，晚熟品种晚施。

（4）弱树应以新梢旺长前和秋季施肥为主；旺长树应以春梢和秋梢停长期追肥为主；结果太多的大年树应加强花芽分化期和秋季的追肥。

2. 施肥建议

（1）施肥量：

①产量水平为 1 500 千克/亩以下：有机肥为 2 立方米/亩，氮肥（N）为 10～12 千克/亩，磷肥（P_2O_5）为 5～8 千克/亩，钾肥（K_2O）为 12～15 千克/亩。

②产量水平为 1 500～3 000 千克/亩：有机肥 2 立方米/亩，氮肥（N）为 12～16 千克/亩，磷肥（P_2O_5）为 7～9 千克/亩，钾肥（K_2O）为 17～20 千克/亩；

③产量水平为 3 000 千克/亩以上：有机肥 2～3 立方米/亩，氮肥（N）为 15～18 千克/亩，磷肥（P_2O_5）为 8～10 千克/亩，钾肥（K_2O）为 18～22 千克/亩。

（2）施肥方法：

①全部有机肥、30％～40％的氮肥、100％的磷肥及 50％的钾肥作基肥于桃果采摘后的秋季采用开沟方法施用；其余 60％～70％氮肥和 50％的钾肥分别在春季桃树萌芽期、硬核期和果实膨大期分次追肥（早熟品种 1～2 次、晚熟品种 2～3 次）。

②对前一年落叶早或负载量高的果园，应加强根外追肥，萌芽前可喷施 2～3 次1％～3％的尿素，萌芽后至 7 月中旬之前，定期按 2 次尿素与 1 次磷酸二氢钾的方式喷施，浓度为 0.3％～0.5％。

③如前一年施用有机肥数量较多，则当年秋季基施的氮、钾肥可酌情减少 1～2 千克/亩，当年果实膨大期的化肥氮、钾追施数量可酌减 2～3 千克/亩。

三、葡萄施肥方案

1. 存在问题与施肥原则　针对本县目前大多数葡萄产区施肥中存在的重氮、磷肥，轻钾肥和微量元素肥料，有机肥料重视不够等问题，提出以下施肥原则：

（1）依据土壤肥力条件和产量水平，适当增加钾肥的用量。

（2）增施有机肥，提倡有机无机相结合。

（3）注意硼、铁和钙的配合施用。

（4）幼树施肥应根据幼树的生长需要，遵循"薄肥勤施"的原则进行施肥。

（5）进行根外追肥。

（6）肥料施用与高产优质栽培相结合。

2. 施肥建议

（1）施肥量：

①亩产为 500～1 000 千克的低产果园，亩施腐熟的有机肥为 1 000～2 000 千克，氮

肥（N）为 9～10 千克/亩，磷肥（P_2O_5）为 7～9 千克/亩，钾肥（K_2O）为 11～13 千克/亩。

②亩产为 1 000～2 000 千克的中产果园，亩施腐熟的有机肥为 2 000～2 500 千克，氮肥（N）为 11～13 千克/亩，磷肥（P_2O_5）为 9～11 千克/亩，钾肥（K_2O）为 13～15 千克/亩。

③亩产为 2 000 千克以上的高产果园，亩施腐熟的有机肥为 2 500～3 500 千克，氮肥（N）为 12～15 千克/亩，磷肥（P_2O_5）为 11～13 千克/亩，钾肥（K_2O）为 15～18 千克/亩。

（2）施肥方法：基肥通常用腐熟的有机肥在葡萄采收后立即施入，并加入一些速效性的化肥，如尿素和过磷酸钙、硫酸钾等。基肥用量占全年总施肥量的 50%～60%，施用方法采用开沟施。在葡萄生长季节，一般丰产果园每年追肥 2～3 次，第一次在早春芽开始膨大期，施入腐熟的人粪尿混掺尿素，分配比例为 10%～15%；第二次在谢花后幼果膨大初期，以氮肥为主，结合施磷钾肥，分配比例为 20%～30%；第三次在果实着色初期，以磷钾肥为主，分配比例为 10%。追肥可以结合灌水或雨天直接施入植株根部土壤中，也可进行根外追肥。

第四节　蔬菜测土配方施肥技术

一、露地甘蓝施肥方案

1. 施肥问题及施肥原则　当前露地甘蓝施肥存在的主要问题：

（1）不同田块有机肥施用量差异较大，盲目偏施氮肥现象严重，钾肥施用量不足，施用时期和方式不合理。

（2）施肥存在"重大量元素，轻中量元素"现象，影响产品品质。

（3）过量灌溉造成水肥浪费的问题普遍，氮肥利用率较低。

针对上述问题，提出以下施肥原则：

（1）合理施用有机肥，有机肥与化肥配合施用；氮磷钾肥的施用应遵循控氮、稳磷、增钾的原则。

（2）肥料分配上以基、追结合为主；追肥以氮肥为主，合理配施钾素；注意在莲座期至结球后期适当喷施钙、硼等中微量元素，防止"干烧心"等病害的发生。

（3）与高产栽培技术，特别是节水灌溉技术结合，以充分发挥水肥耦合效应，提高肥料利用率。

2. 施肥建议

（1）基肥一次施用优质农家肥 2 吨/亩。

（2）施肥量

①产量水平为大于 6 500 千克/亩：氮肥（N）为 18～20 千克/亩，磷肥（P_2O_5）为 8～10 千克/亩，钾肥（K_2O）为 14～16 千克/亩。

②产量水平为 5 500～6 500 千克/亩：氮肥（N）为 15～18 千克/亩，磷肥（P_2O_5）

为 6~8 千克/亩，钾肥（K_2O）为 12~14 千克/亩。

③产量水平为 4 500~5 500 千克/亩：氮肥（N）为 13~15 千克/亩，磷肥（P_2O_5）为 4~6 千克/亩，钾肥（K_2O）为 8~10 千克/亩。氮钾肥 30％~40％基施，60％~70％在莲座期和结球初期分两次追施，磷肥全部作基肥条施或穴施。

（3）对往年"干烧心"发生较严重的地块，注意控氮补钙，可于莲座期至结球后期叶面喷施 0.3％~0.5％的 $CaCl_2$ 溶液 2~3 次；对于缺硼的地块，可基施硼砂 0.5~1 千克/亩，或叶面喷施 0.2％~0.3％的硼砂溶液 2~3 次。同时可结合喷药喷施 2~3 次 0.5％的磷酸二氢钾，以提高甘蓝的净菜率和商品率。

二、萝卜施肥方案

1. 施肥问题及施肥原则　当前萝卜生产中存在的主要施肥问题包括：重氮磷肥轻钾肥施用，氮磷钾比例失调；磷钾肥施用时期不合理；有机肥施用明显不足；微量元素施用的重视程度不够等。针对上述问题，提出以下施肥原则：

（1）依据土壤肥力条件和目标产量，优化氮、磷、钾肥数量，特别注意调整氮、磷肥用量，增施钾肥。

（2）石灰性土壤有效锰、锌、硼、钼等微量元素含量较低，应注意微量元素的补充。

（3）合理施用有机肥料明显提高萝卜产量和改善品质，忌用没有充分腐熟的有机肥料施入农田，提倡施用商品有机肥及腐熟的农家肥。

2. 施肥建议

（1）有机肥施用量：产量水平为 1 000~1 500 千克/亩的小型萝卜（如四季萝卜）可施有机肥 1 立方米/亩；产量水平为 4 500~5 000 千克/亩的高产品种施有机肥 2~3 立方米/亩。

（2）产量水平为 4 500 千克/亩：氮肥（N）为 15~18 千克/亩，磷肥（P_2O_5）为 5~7 千克/亩，钾肥（K_2O）为 12~14 千克/亩；产量水平为 2 500~3 000 千克/亩：氮肥（N）为 10~13 千克/亩，磷肥（P_2O_5）为 4~6 千克/亩，钾肥（K_2O）为 10~12 千克/亩；产量水平为 1 000~1 500 千克/亩：氮肥（N）为 6~9 千克/亩，磷肥（P_2O_5）为 3~5 千克/亩，钾肥（K_2O）为 8~10 千克/亩。若基肥没有施用有机肥，可酌情增加氮肥（N）为 3~5 千克/亩和钾肥（K_2O）为 2~3 千克/亩。

（3）全部有机肥作基肥施用，氮肥总量的 40％作基肥、60％于莲座期和肉质根生长前期分 2 次作追肥施用；磷钾肥料全部作基肥施用，或 2/3 钾肥作基肥，1/3 于肉质根生长前期追施。

（4）对于容易出现硼元素缺乏的地块，或往年已表现有缺硼症状的田块，可于播种前每亩基施硼砂 1 千克，或于萝卜生长中后期用 0.1％~0.5％的硼砂或硼酸水溶液进行叶面喷施（也可混入农药一起喷），每隔 5~6 天喷 1 次，连喷 2~3 次。

三、设施番茄施肥方案

1. 施肥问题与施肥原则　施肥存在的主要问题是：

（1）过量施肥现象普遍，氮磷钾化肥用量偏高，土壤氮磷钾养分积累明显。

（2）养分投入比例不合理，非石灰性土壤钙、镁、硼等元素供应存在障碍。

（3）过量灌溉导致养分损失严重。

（4）连作障碍等导致土壤质量退化严重，养分吸收效率下降，蔬菜品质下降。

针对这些问题，提出以下施肥原则：

（1）合理施用有机肥，调整氮磷钾化肥数量，非石灰性土壤及酸性土壤需补充钙镁硼等中微量元素。

（2）根据作物产量、茬口及土壤肥力条件合理分配化肥，大部分磷肥基施、氮钾肥追施；早春生长前期不宜频繁追肥，重视花后和中后期追肥。

（3）与高产栽培技术结合，提倡苗期灌根，采用"少量多次"的原则，合理灌溉施肥。

（4）土壤退化的老棚需进行秸秆还田或施用高 C/N 比的有机肥，少施禽粪肥，增加轮作次数，达到除盐和减轻连作障碍目的。

2. 施肥建议

（1）育苗肥增施腐熟有机肥，补施磷肥，每 10 平方米苗床施经过腐熟的禽粪 60～100 千克，钙镁磷肥 0.5～1 千克，硫酸钾 0.5 千克，根据苗情喷施 0.05%～0.1%尿素溶液1～2 次。

（2）基肥施用优质有机肥 2～3 立方米/亩。产量水平为 8 000～10 000 千克/亩：氮肥（N）为 30～40 千克/亩，磷肥（P_2O_5）为 15～20 千克/亩，钾肥（K_2O）为 40～50 千克/亩；产量水平为 6 000～8 000 千克/亩：氮肥（N）为 20～30 千克/亩，磷肥（P_2O_5）为 10～15 千克/亩，钾肥（K_2O）为 30～35 千克/亩；产量水平为 4 000～6 000 千克/亩：氮肥（N）为 15～20 千克/亩，磷肥（P_2O_5）为 8～10 千克/亩，钾肥（K_2O）为 20～25 千克/亩。

（3）70%以上的磷肥作基肥条（穴）施，其余随复合肥追施，20%～30%氮钾肥基施，70%～80%在花后至果穗膨大期间分 3～10 次随水追施，每次追施氮肥（N）不超过 5 千克/亩。

（4）菜田土壤 pH＜6 时易出现钙、镁、硼缺乏，可基施硝酸钙肥 40～50 千克/亩、硫酸镁 4～6 千克/亩，根外补施 2～3 次 0.1%硼肥。

四、设施黄瓜施肥方案

1. 施肥问题与施肥原则　设施黄瓜的种植季节分为冬春茬、秋冬茬和越冬长茬，其施肥存在的主要问题是：

（1）盲目过量施肥现象普遍，施肥比例不合理，过量灌溉导致养分损失严重；

（2）连作障碍等导致土壤质量退化严重，根系发育不良，养分吸收效率下降，蔬菜品质下降。

（3）菜田施用的有机肥多以畜禽粪为主，不利于土壤生物活性的提高。

针对上述问题，提出以下施肥原则：

（1）增施有机肥，提倡施用优质有机堆肥，老菜棚注意多施含秸秆多的堆肥，少施禽粪肥，实行有机—无机配合和秸秆还田。

（2）依据土壤肥力条件和有机肥的施用量，综合考虑环境养分供应，适当调整氮磷钾化肥用量。

（3）采用合理的灌溉技术，遵循少量多次的灌溉施肥原则，实行推荐施肥应与合理灌溉紧密结合，采用膜下沟灌、滴灌等方式，沟灌每次每亩灌溉不超过 30 立方米，沙土不超过 20 立方米，滴灌条件下的灌溉施肥次数可适当增加，而每次的灌溉量需相应减少。

（4）定植后苗期不宜频繁追肥，可结合灌根技术施用 0.5～1.0 千克/亩的磷肥（P_2O_5）；氮肥和钾肥分期施用，少量多次，避免追施磷含量高的复合肥，重视中后期追肥，每次追施量不超过 5～6 千克/亩。

2. 施肥建议

（1）育苗肥增施腐熟有机肥，补施磷肥，每 10 平方米苗床施用腐熟有机肥 60～100 千克，钙镁磷肥 0.5～1 千克，硫酸钾 0.5 千克，根据苗情喷施 0.05％～0.1％尿素溶液 1～2 次。

（2）基肥施用优质有机肥 3～4 立方米/亩。产量水平为 14 000～16 000 千克/亩：氮肥（N）为 45～50 千克/亩，磷肥（P_2O_5）为 20～25 千克/亩，钾肥（K_2O）为 40～45 千克/亩；产量水平为 11 000～14 000 千克/亩：氮肥（N）为 37～45 千克/亩，磷肥（P_2O_5）为 17～20 千克/亩，钾肥（K_2O）为 35～40 千克/亩；产量水平为 7 000～11 000 千克/亩：氮肥（N）为 30～37 千克/亩，磷肥（P_2O_5）为 12～16 千克/亩，钾肥（K_2O）为 30～35 千克/亩；产量水平为 4 000～7 000 千克/亩：氮肥（N）为 20～28 千克/亩，磷肥（P_2O_5）为 8～11 千克/亩，钾肥（K_2O）为 25～30 千克/亩。

设施黄瓜全部有机肥和磷肥作基肥施用，初花期以控为主，全部的氮肥和钾肥按生育期养分需求定期分 6～11 次追施，每次追施氮肥数量不超过 5 千克/亩；秋冬茬和冬春茬的氮钾肥分 6～7 次追肥，越冬长茬的氮、钾肥分 10～11 次追肥。如果是滴灌施肥，可以减少 20％的化肥，如果大水漫灌，每次施肥则需要增加 10％～20％的肥料数量。

第七章　耕地地力调查与质量评价的应用研究

第一节　耕地资源合理配置研究

一、耕地数量与人口发展现状分析

随着汾西县人口数量的增长，工业化、城镇化速度的加快，耕地资源非农用化趋势加剧，耕地数量不断减少。随着全县经济社会的不断发展，在今后一定时期内，仍需要调整一定数量的耕地用于城镇化建设、产业调整、生态农业建设等，耕地面积会继续减少。但耕地是不可再生资源，汾西县耕地后备资源开发利用十分有限，人增地减矛盾将日益突出。从汾西县人民的生存和全县经济可持续发展的高度出发，采取措施，实现全县耕地总量动态平衡刻不容缓。

从土地利用现状看，汾西县的非农建设用地利用粗放，节约集约利用空间大。我们要正确把握县域人口、经济发展与耕地资源配置的密切联系和内在规律，妥善处理保障发展与保护耕地的关系，统筹土地资源开发、利用、保护，促进耕地资源的可持续利用。一是科学控制人口增长；二是树立全民节地观念，开展村级内部改造和居民点调整，退宅还田；三是开发复垦土地后备资源和废弃地等，增大耕地面积；四是加强耕地地力建设。

二、耕地地力与粮食生产能力现状分析

（一）耕地粮食生产能力

耕地是人类获取食物的重要基地，耕地生产能力是决定粮食产量丰歉的重要因素之一。近年来，受人口、经济增长等因素的影响，耕地减少、粮食需求量增加。人口与耕地、粮食矛盾突出，不容乐观。保证粮食需求，挖掘耕地生产潜力已成为建设现代农业生产中的首要任务。

耕地的生产能力分为现实生产能力和潜在生产能力。

1. 现实生产能力　据 2011 年统计部门资料，汾西县农作物总播种面积 35 万亩，粮食播种面积为 34.6 万亩，总产量为 60 200 吨。其中小麦面积为 17 万亩，总产 21 250 吨，亩产 125 千克；玉米 11 万亩，总产 82 500 吨，亩产 750 千克；豆类 1.8 万亩，总产 3 600 吨，亩产 200 千克；薯类 2 万亩，总产（折粮）4 000 吨，亩产 1 000 千克；油料 1.5 万亩，总产 1 500 吨，亩产 100 千克；谷子 1.8 万亩，总产 4 500 吨，亩产 250 千克；蔬菜 1.1 万亩，总产 18 700 吨，亩产 1 700 千克。

2. 潜在生产能力分析　汾西县土地资源较为丰富，土质较好，光热资源充足。适宜种植粮食及瓜果、菜等各种作物。经过对汾西县地力等级的评价，全县现有耕地中，一级地 23 321.71 亩，占总耕地面积的 5.95%；二级地 32 720.41 亩，占总耕地面积的

8.35％；三级地 155 743.2 亩，占总耕地面积的 39.73％；四级地 136 997.3 亩，占总耕地面积的 34.95％；五级地 43 200.61 亩，占总耕地面积的 11.02％。所有耕地中，高产田 756 042.12 亩，占总耕地面积的 14.30％，中低产田 335 941.02 亩，占耕地总面积的 85.70％。耕地基础条件差，农田设施不配套，干旱瘠薄，是造成全县现实生产能力偏低的现状。

纵观汾西县近年来的粮食、油料、蔬菜的平均亩产量和全县农民对耕地的经营状况，全县耕地还有巨大的生产潜力可挖。如果在农业生产中加大有机肥的投入，采取科学施肥措施和科学合理的耕作技术，全县耕地的生产能力还可以提高。通过近几年汾西县对马铃薯、谷子、玉米等作物配方施肥观察点经济效益的对比，配方施肥区较习惯施肥区的增产率都在 6％ 以上。只要我们进一步提高农业投入比重，提高劳动者素质，下大力气加强农业基础建设，特别是农田水利建设，就能稳步提高耕地综合生产能力和产出能力，实现农民增收。

（二）粮食安全警戒线

粮食是关系国计民生的重要的产品，保障粮食安全是我国农业现代化的首要任务。近几年来世界粮食危机已给一些国家经济发展和社会安定造成一定不良影响，也给我国的粮食安全敲响了警钟。近年来国家出台了粮食补贴等一系列惠农政策，对鼓励农民发展粮食生产、稳定粮食面积起到了积极作用。但种粮效益不高，加之农资价格上涨等诸多客观因素的影响，没有从根本上调动农民种植粮食的积极性，全县粮食单产没有实现较大幅度提高。

三、合理配置耕地资源

在确保县域经济发展、确保耕地红线的前提下，进一步优化汾西县耕地资源利用结构，合理配置其他作物占地比例，是当前及今后一段时间内的主要任务。在耕地资源利用上，必须坚持基本农田总量平衡的原则。一是建立完善的基本农田保护制度，用法律保护耕地；二是明确各级政府在基本农田保护中的责任，严控占用保护区内耕地，严格控制城乡建设用地；三是实行基本农田损失补偿制度，实行谁占用、谁补偿的原则；四是建立监督检查制度，严厉打击无证经营和乱占耕地的单位和个人；五是建立基本农田保护基金，县政府每年投入一定资金用于基本农田建设，大力挖潜存量土地；六是合理调整用地结构，用市场经营利益导向调控耕地。同时，在耕地资源配置上，要以粮食生产安全为前提，以农业增效、农民增收为目标，逐步提高耕地质量，调整种植业结构，推广优质农产品，应用优质、高效、生态、安全栽培技术，提高耕地利用率。

第二节　耕地地力建设与土壤改良利用对策

一、耕地土壤养分现状

经过 3 年对汾西县耕地地力调查与评价，基本查清了全县耕地土壤养分状况。

汾西县耕地土壤有机质平均含量为 14.1 克/千克；全氮平均含量为 0.67 克/千克；有效磷平均含量为 7.1 毫克/千克；缓效钾平均含量为 829 毫克/千克；速效钾平均含量为 139 毫克/千克；有效铜平均含量为 0.66 毫克/千克；有效锌平均含量为 0.67 毫克/千克；有效铁平均含量为 4.25 毫克/千克；有效锰平均值为 3.11 毫克/千克；有效硼平均含量为 0.33 毫克/千克；有效硫平均含量为 22.49 毫克/千克。

1. 现实生产力 随着农业生产的发展及施肥、耕作经营管理水平的变化，耕地土壤有效磷及大量元素也随之变化。与 1985 年全国第二次土壤普查时的耕层养分测定结果相比，23 年间，有机质平均值增加了 4.3 克/千克，全氮增加了 0.15 毫克/千克，有效磷增加了 30.5 毫克/千克，速效钾增加了 30.52 毫克/千克。

2. 存在主要问题及原因分析

（1）中低产田面积较大：依据《山西省中低产田划分与改良技术规程》调查，全县中低产田面积大。主要原因：一是自然条件因素。全县地形复杂，坡、沟、梁、峁、垣俱全，缓坡梯田、坡耕地水土流失严重；二是农田基本建设投入不足，改造措施力度不够；三是水利资源开发利用不充分，配置不合理，水利设施不完善；四是农民没有自觉改造中低产田的积极性。

（2）农民培肥观念差，重用轻养：种粮效益低，农民没有"养地"的积极性，造成科技投入不足，耕作管理粗放，耕地生产率低。

（3）施肥结构不合理：在农作物施用肥料上存在的问题，突出表现在"四重四轻"：第一，重经济作物，轻粮食作物；第二重成本较低的单质肥料，轻价格较高的专用肥料、复混肥料；第三、重化肥轻农家肥；第四、重氮、磷、钾化肥使用，轻合理配比。

二、耕地培肥与改良利用对策

（一）多种渠道提高土壤肥力

1. 增施有机肥，提高土壤有效磷 近年来，由于农家肥源不足和化肥的大量施用，全县耕地有机肥施用量呈逐年下降的趋势。采取以下措施加以解决：①广种饲草，增加畜禽，以牧养农；②种植绿肥，实施绿肥压青；③大力推广作物秸秆还田。

2. 合理轮作 通过不同作物合理轮作倒茬，保障土壤养分平衡。大力推广粮、油轮作，玉米、大豆立体间套作等技术模式，实现土壤养分协调利用。

（二）测土配方施肥

1. 巧施氮肥 速效性氮肥极易分解，通常施入土壤中的氮素化肥的利用率只有 25%～40%。这说明施入土壤中的氮素，挥发渗漏损失严重。所以，施用氮肥时，一定注意施肥量、施肥方法和施肥时期，提高氮肥利用率，减少损失。

2. 稳施磷肥 汾西县土壤多属石灰性土壤，土壤中的磷常被固定，而不能发挥肥效。加上长期以来群众重氮轻磷，作物吸收的磷得不到及时补充。试验证明，在缺磷土壤上增施磷肥增产效果明显。可以增施人粪尿、畜禽肥等有机肥，其中的有机酸和腐殖酸促进非水溶性磷的溶解，提高磷素的活力。

3. 因地施用钾肥 汾西县土壤中钾的含量处于中等水平，在短期内不会成为农业生产的主要限制因素，但随着农业生产进一步发展和作物产量的不断提高，土壤中有效钾的含量也会处于不足状态，定期监测土壤中钾的动态变化，及时补充钾素。

4. 重视施用微肥 作物对微量元素肥料的需要量虽然很少，但对提高农产品产量和品质却有大量元素不可替代的作用。据调查，全县土壤硼、锌、铁、铜、锰等含量均不高。因作物合理补施微肥，增产效果很明显。如玉米施锌等。

（三）因地制宜，改良中低产田

汾西县中低产田面积比较大，影响了耕地产出水平。因此，要从实际出发，针对不同类型的中低产田，对症下药，分类改良。具体改良措施，详见本书第五章第二节《中低产田类型分布及改良利用措施》。

第三节　农业结构调整与适宜性种植

近年来，汾西县的农业结构调整取得了突出的成绩，但农业基础设施薄弱，靠天吃饭的局面没有取得根本性的扭转。为适应 21 世纪我国现代农业发展的需要，增强汾西县优势农产品参与国际市场竞争的能力，有必要对全县的农业结构现状进行进一步的战略性调整，从而促进全县优质、高效农业的发展。

一、农业结构调整的原则

汾西县在调整种植业结构中，应遵循下列原则：
一是力争与国际农产品市场接轨，增强全县农产品在国际、国内经济贸易的竞争力。
二是利用不同区域的生产条件、技术装备水平及经济基础，充分发挥地域优势。
三是利用耕地评价成果，合理粮、经作物的耕地配置。
四是采用耕地资源管理信息系统，为区域结构调整的可行性提供宏观决策与技术服务。
五是保持行政村界线的基本完整。

二、农业结构调整的依据

根据此次耕地质量的评价结果，汾西县的种植业内部结构调整，主要依据不同耕地类型综合生产能力综合考虑，具体为：
一是按照三大不同地貌类型，因地制宜规划，在布局上做到宜农则农，宜林则林，宜牧则牧。
二是按照 1～5 个耕地等级来分布适宜性作物，以发挥其最大生产潜力。

三、种植业布局分区建议

根据汾西县种植业布局分区的原则和依据，结合本次耕地地力调查与质量评价结果，汾西县划分为四大种植区，分区概述：

（一）河川果、菜种植区

1. 区域特点　交通便利，地势平坦，土壤肥沃，耕性良好。水土流失轻微，地下水位较浅，水源比较充足，属机井灌溉区，水利设施好。年平均气温 11.8℃，年降水量 534.7 毫米，无霜期 206.6 天，气候温和，热量充足，可一年两作。园田化水平高，农业生产条件优越，农业生产水平较高，是汾西县的粮、菜、果主产区。

2. 种植业发展方向　本区以建设无公害设施蔬菜基地为主攻方向。大力发展一年两作高产高效粮田；扩大设施蔬菜面积，适当发展梨、桃等水果。在现有基础上，优化结构，建立无公害生产基地。

3. 主要保障

（1）加大土壤培肥力度，全面推广多种形式秸秆还田，以增加土壤有效磷，改良土壤理化性状。

（2）注重作物合理轮作，坚决杜绝多年连茬。

（3）搞好基地建设，通过标准化建设、模式化管理、无害化生产技术应用，使基地取得明显的经济效益和社会效益。

（二）垣地粮、果种植区

1. 区域特点　本区土地坡度平缓，多高标准水平梯田。园田化水平较高，土层深厚。机械化程度高。

2. 种植业发展方向　建设无公害小杂粮、梨基地。

3. 主要保障措施

（1）广辟有机肥源，增施有机肥。合理施用化肥。

（2）实现田、林、路、井、渠五配套，提高土地综合生产能力。

（3）合理轮作倒茬，科学管理。

（三）川、谷、沟地玉米、杂粮种植区

1. 区域特点　地势低凹，地下水位高，年降水量 570 毫米左右，一年一作，该区是汾西县玉米主产区。

2. 种植业发展方向　以玉米生产、杂粮为主。

3. 主要保障措施

（1）建设河坝，完善排灌系统，做到蓄丰补欠，旱涝保收。

（2）千方百计增施有机肥，搞好测土配方施肥，增加微肥的施用。

（3）对土层较薄的河滩地，实行人工堆垫，加厚土层。

（四）山地、丘陵杂粮种植区

1. 区域特点　以丘陵、梁、峁、坡为主，多为缓坡梯田。年均气温 10℃ 以上的积温 3 500℃，年降水量 600 毫米，无霜期 175～185 天，一年一作。

2. 种植业发展方向　以谷子、马铃薯、豆类为主。

3. 主要保证措施

（1）玉米、杂粮良种良法配套，增加产出，提高品质，增加效益。

（2）大面积推广秸秆还田，有效提高土壤有效磷含量。

（3）加强缓坡梯田农田整治，防止水土流失。

第四节　耕地质量管理对策

耕地地力调查与质量评价成果为汾西县耕地质量管理提供了依据，耕地质量管理决策的制定，成为全县农业可持续发展的核心内容。

一、建立依法管理体制

（一）工作思路

以发展优质高效、生态、安全农业为目标，以耕地质量动态监测管理为核心，以土壤地力改良利用为重点，通过农业种植业结构调查，合理配置现有农业用地，逐步提高耕地地力水平，满足人民日益增长的农产品需求。

（二）建立完善行政管理机制

1. 制定总体规划　坚持"因地制宜、统筹兼顾，局部调整、挖掘潜力"的原则，制订全县耕地地力建设与土壤改良利用总体规划，实行耕地用养结合，划定中低产田改良利用范围和重点，分区制定改良措施，严格统一组织实施。

2. 建立以法保障体系　制定耕地质量管理办法，设立专门监测管理机构，县、乡、村三级设定专人监督指导，分区布点，建立监控档案，依法检查污染区域项目治理工作，确保工作高效到位。

3. 加大资金投入　县政府要加大资金支持，县财政每年从农发资金中列支专项资金，用于全县中低产田改造和耕地污染区域综合治理，建立财政支持下的耕地质量信息网络，有效推进工作。

（三）强化耕地质量建设的技术措施

1. 提高土壤肥力　组织县、乡农业技术人员实地指导，组织农户合理轮作，平衡施肥，安全施药、施肥，推广秸秆还田、种植绿肥、施用生物菌肥，多种途径提高土壤肥力，降低土壤污染，提高土壤质量。

2. 改良中低产田　实行分区改良，重点突破。灌溉改良区重点抓好灌溉配套设施的改造，节水浇灌、挖潜增灌，扩大浇水面积。丘陵、山区中低产区要广辟肥源，深耕保墒，轮作倒茬，粮草间作，扩大植被覆盖率。修整梯田，保水保肥，达到增产增效目标。

二、建立和完善耕地质量监测网络

随着汾西县工业化进程的加快，工业污染日益严重，在重点工业生产区域建立耕地质量监测网络已迫在眉睫。

1. 设立组织机构　耕地质量监测网络建设，涉及环保、土地、水利、经贸、农业等多个部门，需要县政府协调支持，成立依法行政管理机构。

2. 配置监测机构　由县政府牵头，各职能部门参与，组建县耕地质量监测领导组，在县环保局下设办公室，设定专职领导与工作人员，建立企业治污工程体系，制定工作细则和工作制度，强化监测手段，提高行政监测效能。

3. 加大宣传力度　采取多种途径和手段，加大《环保法》宣传力度，在重点污排企业及周围乡村印刷宣传广告，大力宣传环境保护政策及科普知识。

4. 监测网络建立　依据这次耕地质量调查评价结果，在汾西县划定安全、非污染、轻污染、中度污染、重污染五大区域，每个区域确定10～20个点，定人、定时、定点取样监测检验，填写污染情况登记表，建立耕地质量监测档案。对污染区域的污染源，要查清原因，由县耕地质量监测机构依据检测结果，强制企业污染限期限时达标治理。对未能限期达标企业，一律实行关停整改，达标后方可生产。

5. 加强农业执法管理　由县农业、环保、质检行政部门组成联合执法队伍，宣传农业法律知识，对市场化肥、农药实行市场统一监控、统一发布，将假冒农用物资一律依法查封销毁。

6. 改进治污技术　对不同污染企业采取烟尘、污水、污碴分类，科学处理转化。对工业污染河道及周围农田，采取有效物理、化学降解技术，降解铅、镉及其他重金属污染物，并在河道两岸50米栽植花草、林木、净化河水，美化环境；对化肥、农药污染农田，要划区治理，积极利用农业科研成果，组成科技攻关组，引试降解剂，逐步消解污染物。

7. 推广农业综合防治技术　在增施有机肥降解大田农药、化肥及垃圾废弃物污染的同时，积极宣传推广微生物菌肥，以改善土壤的理化性状，改变土壤溶液酸碱度，改善土壤团粒结构，减轻土壤板结，提高土壤保水、保肥性能。

三、国家惠农政策与耕地质量管理

免除农业税费、粮食直补、良种补贴等一系列惠农政策的落实，极大调动了农民种植粮食生产积极性，成为农民自觉提高耕地质量的内在动力，对全县耕地质量建设具有推动作用：

1. 加大耕地投入，提高土壤肥力　目前，汾西县丘陵面积大，中低产田分布区域广，粮食生产能力较低。随着各项惠农政策的出台，鼓励农民自觉增加科技投入，实现耕地用养协调发展。

2. 改进农业耕作技术，提高土壤生产性能　鼓励农民精耕细作，科学管理，提高耕地地力等级水平。

3. 采用先进农业技术，增加农业比较效益　应用有机旱作农业技术，合理优化适栽技术，加强田间管理，实现节本增效。

农民以田为本，以田谋生，农业税费政策出台以后，土地属性发生变化，农民由有偿支配变为无偿使用，成为农民家庭财富的一部分，对农民增收和国家经济发展将起到积极的推动作用。

四、扩大无公害农产品生产规模

在国际农产品质量标准市场一体化的形势下，扩大汾西县无公害农产品生产成为满足社会消费需求和农民增收的关键。

在汾西县发展绿色无公害农产品，扩大生产规模。以耕地地力调查与质量评价结果为依据，充分发挥区域比较优势，合理布局，调整规模。配套管理措施：

1. 建立组织保障体系　设立汾西县无公害农产品生产领导小组，下设办公室，地点在县农委。组织实施项目列入县政府工作计划，单列工作经费，由县财政负责执行。

2. 加强质量检测体系建设　成立县级无公害农产品质量检验技术领导小组，县、乡下设两级监测检验的网点，配备设备及人员，制定工作流程，强化监测检验手段，提高检测检验质量，及时指导生产基地技术推广工作。

3. 制定技术规程　组织技术人员建立全县无公害农产品生产技术操作规程，重点抓好平衡施肥，合理施用农药，细化技术环节，实现标准化生产。

4. 打造绿色品牌　重点实施好无公害小杂粮、梨等生产。

五、加强农业综合技术培训

自20世纪80年代起，汾西县就建立起县、乡、村三级农业技术推广网络。县农业技术推广中心牵头，搞好技术项目的组织与实施，负责划区技术指导，行政村配备1名副村长，在全县设立农业科技示范户。先后开展了玉米、小杂粮、梨、蔬菜等优质高产高效生产技术培训，推广了旱作农业、秸秆覆盖、地膜覆盖及设施蔬菜"四位一体"综合配套技术。

目前，汾西县有机旱作、测土配方施肥、节水灌溉、生态沼气、无公害蔬菜生产技术推广已取得明显成效。充分利用这次耕地地力调查与质量评价成果，主抓以下几方面技术培训：①加强宣传农业结构调整与耕地资源有效利用的目的及意义；②全县中低产田改造和土壤改良相关技术推广；③耕地地力环境质量建设与配套技术推广；④绿色无公害农产品生产技术操作规程；⑤农药、化肥安全施用技术培训；⑥农业法律、法规、环境保护相关法律的宣传培训。

通过技术培训，使汾西县农民掌握一定的理论应用到农业中，推动耕地地力建设、农业生态环境建设和耕地质量环境的保护，发挥主观能动性，不断提高全县耕地地力水平，以满足日益增长的人口和物资生活需求，为全面建设小康社会打好农业发展基础平台。

第五节　耕地资源管理信息系统的应用

耕地资源信息系统以一个县行政区域内耕地资源为管理对象，应用GIS技术，对辖区内的地形、地貌、土壤、土地利用、农田水利、土壤污染、农业生产基本情况、基本农田保护区等资料进行统一管理，构建耕地资源基础信息系统，并将其数据平台与各类管理模型结合，对辖区内的耕地资源进行系统的动态管理，为农业决策、农民和农业技术人员提供耕地质量动态变化规律、土壤适宜性、施肥咨询、作物营养诊断等多方位的信息服务。

本系统行政单元为村，农业单元为基本农田保护块，土壤单元为土种，系统基本管理单元为土壤、基本农田保护块、土地利用现状叠加所形成的评价单元。

一、领导决策依据

本次耕地地力调查与质量评价直接涉及耕地自然要素、环境要素、社会要素及经济要素4个方面，为耕地资源信息系统的建立与应用提供了依据。通过全县生产潜力评价、适宜性评价、土壤养分评价、科学施肥、经济性评价、地力评价及产量预测，及时指导农业生产的发展，为农业技术推广应用作好信息发布，为用户需求分析及信息反馈打好基础。主要依据：一是全县耕地地力水平和生产潜力评估为农业远期规划和全面建设小康社会提供了保障；二是耕地质量综合评价，为领导提供了耕地保护和污染修复的基本思路，为建立和完善耕地质量检测网络提供了方向；三是耕地土壤适宜性及主要限制因素分析为全县农业调整提供了依据。

二、动态资料更新

本次汾西县耕地地力调查与质量评价中，耕地土壤生产性能主要包括地形部位、土体构型、较稳定的物理性状、易变化的化学性状、农田基础建设5个方面。耕地地力评价标准体系与1984年土壤普查技术标准出现部分变化，耕地要素中基础数据有大量变化，为动态资料更新提供了新要求。

（一）耕地地力动态资源内容更新

1. 评价技术体系有较大变化　这次调查与评价主要运用了"3S"评价技术。在技术方法上，采用文字评述法、专家经验法、模糊综合评价法、层次分析法、指数和法；在技术流程上，应用了叠置法确定评价单元，空间数据与属性数据相连接，采用特尔菲法和模糊综合评价法，确定评价指标，应用层次分析法确定各评价因子的组合权重，用数据标准化计算各评价因子的隶属函数并将数值进行标准化，应用了累加法计算每个评价单元的耕地力综合评价指数，分析综合地力指数，分布划分地力等级，将评价的地方等级归入农业部地力等级体系，采取GIS、GPS系统编绘各种养分图和地力等级图等图件。

2. 评价内容有较大变化　除原有地形部位、土体构型等基础耕地地力要素相对稳定以外，土壤物理性状、易变化的化学性状、农田基础建设等要素变化较大，尤其是土壤容重、有效磷、pH、有效磷、速效钾指数变化明显。

3. 增加了耕地质量综合评价体系　土样、水样化验检测结果为全县绿色、无公害农产品基地建立和发展提供了理论依据。图件资料的更新变化，为今后全县农业宏观调控提供了技术准备，空间数据库的建立为全县农业综合发展提供了数据支持，加速了全县农业信息化快速发展。

（二）动态资料更新措施

结合本次耕地地力调查与质量评价，汾西县及时成立技术指导小组，确定专门技术人员，从土样采集、化验分析、数据资料整理编辑，电脑网络连接畅通，保证了动态资料更新及时、准确，提高了工作效率和质量。

三、耕地资源合理配置

（一）目的意义

多年来，汾西县耕地资源盲目利用，低效开发，重复建设情况十分严重，随着农业经济发展方向的不断延伸，农业结构调整缺乏借鉴技术和理论依据。这次耕地地力调查与质量评价成果对指导全县耕地资源合理配置，逐步优化耕地利用质量水平，对提高土地生产性能和产量水平具有现实意义。

汾西县耕地资源合理配置思路是：以确保粮食安全为前提，以耕地地力质量评价成果为依据，以统筹协调发展为目标，用养结合，因地制宜，内部挖潜，发挥耕地最大生产效益。

（二）主要措施

1. 加强组织管理，建立健全工作机制 汾西县组建耕地资源合理配置协调管理工作体系，由农业、土地、环保、水利、林业等职能部门分工负责，密切配合，协同作战。技术部门要抓好技术方案制定和技术宣传培训工作。

2. 加强农田环境质量检测，抓好布局规划 将企业列入耕地质量检测范围。企业要加大资金投入和技术改造，降低"三废"对周围耕地污染，因地制宜大力发展绿色无公害农产品优势生产基地。

3. 加强耕地保养利用，提高耕地地力 依照耕地地力等级划分标准，划定全县耕地地力分布界限，推广平衡施肥技术，加强农田水利基础设施建设，平田整地，淤地打坝，中低产田改良，植树造林，扩大植被覆盖面，防止水土流失，提高梯（园）田化水平。采用机械耕作，加深耕层，熟化土壤，改善土壤理化性状，提高土壤保水保肥能力。划区制定技术改良方案，将全县耕地地力水平分级划分到村、到户，建立耕地改良档案，定期定人检查验收。

4. 重视粮食生产安全，加强耕地利用和保护管理 根据汾西县农业发展远景规划目标，要十分重视耕地利用保护与粮食生产之间的关系。人口不断增长，耕地逐年减少，要解决好建设与吃饭的关系，合理利用耕地资源，实现耕地总面积动态平衡，解决人口增长与耕地矛盾，实现农业经济和社会可持续发展。

总之，耕地资源配置，主要是各土地利用类型在空间上的整体布局；另一层含义是指同一土地利用类型在某一地域中是分散配置还是集中配置。耕地资源空间分布结构折射出其地域特征，而合理的空间分布结构可在一定程度上反映自然生态和社会经济系统间的协调程度。耕地的配置方式，对耕地产出效益的影响截然不同，经过合理配置，农村耕地相对规模集中，既利于农业管理，又利于减少投工投资，耕地的利用率将有较大提高。

一是严格执行《基本农田保护条例》，增加土地投入，大力改造中低产田，使农田数量与质量稳步提高；二是果园地面积要适当调整，淘汰劣质果园，发展优质果品生产基地；三是林草地面积适量增长，加大四荒拍卖开发力度，种草植树，力争森林覆盖率达到30％。搞好河道、滩涂地有效开发，增加可利用耕地面积。加大小流域综合治理，在搞好耕地整治规划的同时，治山治坡、改土造田、基本农田建设与农业综合开发结合进行；要采取措施，严控企业占地，严控农村宅基地占用一级、二级耕田，加大废旧砖窑和农村废弃宅基地的返田改造，盘活耕地存量调整，"开源"与"节流"并举，加快耕地使用制度改革。实行耕地使用证发放制度，促进耕地资源的有效利用。

四、科学施肥体系与灌溉制度的建立

（一）科学施肥体系建立

汾西县测土配方施肥工作起步较晚，20 世纪 80 年代初为半定量的初级配方施肥；90 年代以来，有步骤定期开展土壤肥力测定，逐步建立了适合全县不同作物、不同土壤类型的施肥模式。在施肥技术上，提倡"增施有机肥，稳施氮肥，增施磷，补施钾肥，配施微肥和生物菌肥"。

1. 调整施肥思路 以节本增效为目标，立足抗旱栽培，着力提高肥料利用率，采取"适氮、稳磷、补钾、配微"原则，坚持有机肥与无机肥相结合，合理调整养分比例，按耕地地力与作物类型分期供肥，科学施用。

2. 施肥方法

（1）因土施肥。不同土壤类型保肥、供肥性能不同。对汾西县垣地、丘陵旱地，土壤的土体构型为通体壤或"蒙金型"，一般将肥料作基肥一次施用效果最好；对部分沙壤土采取少量多次施用。

（2）因品种施肥。肥料品种不同，施肥方法也不同。对碳酸氢铵等易挥发性化肥，必须集中深施覆盖土，一般为 10～20 厘米，硝态氮肥易流失，宜作追肥，不宜大水漫灌；尿素为高浓度中性肥料，作底肥和叶面喷肥效果最好，在旱地做基肥集中条施。磷肥易被土壤固定，常作基肥和种肥，要集中沟施，且忌撒施土壤表面。

（3）因苗施肥。对基肥充足、生长旺盛的田块，要少量控制氮肥，少追或推迟追肥时期；对基肥不足，生长缓慢田块，要施足基肥，多追或早追氮肥；对后期生长旺盛的田块，要控氮补磷施钾。

3. 选定施用时期 因作物选定施肥时期。玉米追肥宜选在拔节期和大喇叭口期施肥，同时可采用叶面喷施锌肥。

在作物喷肥时间上，要看天气施用，要选无风、晴朗天气，早上 8～9 点以前或下午 4 点以后喷施。

4. 选择适宜的肥料品种和合理的施用量施肥 在品种选择上，增施有机肥、高温堆沤积肥、生物菌肥；严格控制硝态氮肥施用，忌在忌氯作物上施用氯化钾，提倡施用硫酸钾肥，补施铁肥、锌肥、硼肥等微量元素化肥。在化肥用量上，要坚持无害化施用原。

（二）灌溉制度的建立

汾西县水资源短缺，主要采取抗旱节水灌溉为主。

1. 旱地区集雨灌溉模式 主要采用有机旱作技术模式，深翻耕作，加深耕层，平田整地，提高园（梯）田化水平，地膜覆盖，垄沟集雨纳墒，秸秆覆盖蓄水保墒，高灌引水，节水管灌等配套技术措施，提高旱地农田水分利用率。

2. 扩大井水灌溉面积 水源条件较好的旱地，打井造渠，利用分畦浇灌或管道渗灌、喷灌，节约用水，保障作物生育期一次透水。井灌区要修整管道，按作物需水高峰期浇灌，全生育期保证浇水 2～3 次，满足作物生长需求。切忌大水漫灌。

（三）体制建设

在汾西县建立科学施肥与灌溉制度，农业、技术部门要严格细化相关施肥技术方案，积极宣传和指导；水利部门要抓好淤地打坝、井灌配套等基本农田水利设施建设，提高灌溉能力；林业部门要加大荒坡、荒山植树植被、绿色环境，改善气候条件，提高年际降水量；农业环保部门要加强基本农田及水污染的综合治理，改善耕地环境质量和灌溉水质量。

五、信息发布与咨询

耕地地力与质量信息发布与咨询，直接关系到耕地地力水平的提高，关系到农业结构调整与农民增收目标的实现。

（一）体系建立

以汾西县农业技术部门为依托，在省、县农业技术部门的支持下，建立耕地地力与质量信息发布咨询服务体系，建立相关数据资料展览室，将全县土壤、土地利用、农田水利、土壤污染、基本农业田保护区等相关信息融入电脑网络之中，充分利用县、乡两级农业信息服务网络，对辖区内的耕地资源进行系统的动态管理，为农业生产和结构调整做好耕地质量动态变化、土壤适宜性、施肥咨询、作物营养诊断等多方位的信息服务。在乡村建立专门试验示范生产区，专业技术人员要做好协助指导管理，为农户提供技术、市场、物资供求信息，定期记录监测数据，实现规范化管理。

（二）信息发布与咨询服务

1. 农业信息发布与咨询　重点抓好小杂粮、玉米、梨、蔬菜、中药材等适栽品种供求动态、适栽管理技术、无公害农产品化肥和农药科学施用技术、农田环境质量技术标准的入户宣传、编制通俗易懂的文字、图片发放到每家每户。

2. 开辟空中课堂抓宣传　充分利用覆盖全县的电视传媒信号，定期做好专题资料宣传，并设立信息咨询服务电话热线，及时解答和解决农民提出的各种疑难问题。

3. 组建农业耕地环境质量服务组织　在汾西县乡村选拔科技骨干及村干部，统一组织耕地地力与质量建设技术培训，组成农业耕地地力与质量管理服务队，建立奖罚机制，鼓励他们谏言献策，提供耕地地力与质量方面信息和技术思路，服务于全县农业发展。

4. 建立完善执法管理机构　成立由县土地、环保、农业等行政部门组成的综合行政执法决策机构，加强对全县农业环境的执法保护。开展农资市场打假，依法保护利用土地，监控企业污染，净化农业发展环境。同时配合宣传相关法律、法规，让群众家喻户晓，自觉接受社会监督。

第六节　汾西县谷子标准化生产的对策研究

一、培肥措施

1. 加强田间整治，取高垫低，防治水土流失；机械深耕，加厚耕作层。

2. 增施有机肥，提倡有机无机相结合；依据土壤丰缺指标，适当增减化肥用量，注意磷肥、硼肥的施用。

3. 肥料施用要与无公害栽培技术相结合。

二、采用标准化生产技术

1. 范围

本标准规定了绿色食品谷子生产的产地环境、产品质量标准及栽培技术规程。

本标准适用于绿色食品谷子生产。

2. 标准的引用

NY/T394—2000　绿色食品　肥料使用准则

NY/T393—2000　绿色食品　农药使用准则

GB/T8321（所有部分）农药合理使用准则

GB4285　农药安全使用标准

GB/T8232—1987　粟（谷子）

NY/T391—2000　绿色食品　产地环境条件

GB4404.1—1996　粮食作物种子　禾谷类

3. 产地环境和土壤气候条件

（1）产地环境：应符合 NY/T 391—2000 规定。产地应选择在空气、水质、土壤无污染和生态条件良好的地域。加强保护产地周围的生态环境，严禁开设有污染的工厂，控制生活污水，使绿色食品的产地具有可持续发展能力。

（2）土壤条件：选择有机质 1.2 克/千克以上、碱解氮 80 毫克/千克以上、有效磷 15 毫克/千克以上、速效钾 100 毫克/千克以上、海拔 850 米以上、阳光充足、通风透气条件好的石灰性褐土种植谷子

（3）气候条件：年平均气温 11.2℃，平均日温差 11℃，稳定通过 10℃以上的活动积温 3 600℃；年平均日照时数 2 293.9 小时，5～9 月月平均 220.3 小时；年降水量 534.2 毫米，无霜期平均 171 天。

4. 绿色食品谷子质量标准　在产地环境符合 NY/T 391—2000 规定、农药使用符合 NY/T 393—2000 规定、肥料使用符合 NY/T 394—2000 规定条件下生产的、符合 GB/T 8232 标准的谷子。

5. 栽培技术规程

（1）轮作倒茬：实行 3 年以上的轮作制度，轮作方式：谷子→玉米→谷子；谷子→大豆→马铃薯→谷子；谷子→玉米→青饲料→谷子。谷子的前茬以豆类、油菜最好，玉米、马铃薯次之。

（2）整地施肥（蓄水保墒）：

①秋收后浅耕灭茬，然后深耕 20 厘米以上，结合耕翻施入高质量农肥、磷肥和钾肥。在秋作物收获后，结合秋耕每亩深施农家肥 6 000～8 000 千克，钙镁磷肥 150 千克，硫酸钾 10～15 千克，随耕随耙糖。

②春季顶凌耙地，破除板结。

③播前 5～10 天，浅犁塌墒，打碎坷垃，随耕翻施入氮肥。早春结合浅耕，每亩施尿素 16 千克。耕后带耙。

④播前 2～3 天，干土层在 4～6 厘米，土壤含水量达不到 12％时必须镇压，压后耙糖。

（3）选用优种：选择高产、优质、抗逆性强、适应性广的品种，种子质量符合 GB 4404.1—1996 要求。汾西县应以晋谷 21 为主干品种，示范种植晋谷 34、太选 2 号和晋谷 29。

（4）种子处理：

①晒种。播前选晴天，将种子摊放在席上 2～3 厘米厚度，翻晒 2～3 天。

②"三洗"种子。"三洗"即首先把谷种倒入清水中，搅拌后漂去秕谷、草籽和杂质，然后捞出下沉的谷子倒入 10％的盐水中，捞去漂在水面上的秕粒、半秕粒，最后用清水冲洗 2～3 遍，除去种子表面的盐分。

③药剂拌种。用种子重量的 0.3％的 25％瑞毒霉可湿性粉剂拌种，防止白发病；用种子量 0.2％～0.3％的 75％粉锈宁或 50％多菌灵可湿性粉剂拌种，防止黑穗病。

（5）播种：

①适期播种。一般地膜覆盖谷子 5 月上旬播种，露地春谷 5 月中旬播种、夏谷 6 月中下旬播种。

②播种深度。土壤墒情好的可适当浅些、墒情差的可适当深些；早播可深些，晚播可浅些，一般播深 3～5 厘米。

③播种方式。

a. 地膜覆盖谷子采用膜际条播种植，应用厚 0.007～0.008 毫米、宽 40 厘米的聚乙烯地膜，实行宽窄行种植，宽行 40 厘米、窄行 30～33 厘米。

b. 大田谷子用耧播或机播。

④播量。每亩用种 0.5～0.75 千克。

⑤施种肥。每亩用 3 千克磷酸二铵或尿素做种肥，在播种时随种子施在沟内。如果土壤干旱可不施或少施种肥，同时将种子与肥料适当分开。

（6）科学管理：

①全苗壮苗。播种后表层土壤含水量在 12％以下，随播随砘压，然后隔 2～3 天再砘压 1 次；土壤含水量在 12％以上时，播后隔天砘压 1 次即可。在未出苗前遇雨及时破除板结。

②间苗定苗。出苗后发现缺苗及早进行浸种催芽补种，3～4 片真叶时间苗，5～6 片真叶时定苗。

③合理密植。高水肥地亩留苗 3 万～3.5 万株；中等肥力地亩留苗 2.5 万～3 万株；旱垣坡地亩留苗 1.5 万～2 万株。

④中耕除草。整个生长期中耕 3～4 次，深度掌握"头遍浅、二遍深、三遍四遍不伤根"的原则。第一次中耕，结合间定苗浅锄（3～5 厘米），固土稳苗；第二次中耕，谷子 8～9 片真叶时结合清垄，深中耕 6 厘米以上；第三次浅中耕（5 厘米左右），同时高培土、

防倒伏。

⑤浇水。水地谷子拔节期浇第一水，孕穗抽穗期浇第二水；旱地谷子抽穗前，每亩叶面喷 200 千克清水。

⑥追肥。根部追肥：旱地结合降雨，在拔节孕穗期每亩追施尿素 7.5～10 千克。有灌溉条件的谷田，追肥后及时浇水。

叶面喷肥：灌浆期对生长旺盛的谷子，每亩叶面喷施 0.2％磷酸二氢钾溶液 50～60 千克；对生长较差的谷子每亩叶面喷施 2％尿素溶液和 0.2％磷酸二氢钾混合液 50～60 千克。齐穗前 7 天，所有谷子用 300～400 毫克/千克浓度的硼酸液 100 千克叶面喷洒，间隔 10 天，再喷 1 次。

⑦适期收获。颖壳变黄，谷穗断青，籽粒变硬，及时收获。

6. 配方施肥

（1）施肥原则：施肥应符合 NY/T 394—2000 要求。

（2）允许使用的肥料种类：

①农家肥：包括堆肥、沤肥、厩肥、沼气肥、绿肥、作物秸秆肥、混肥、饼肥，施用前必须进行高温沤制，充分腐熟后方可使用。

②商品肥料。包括商品有机肥、腐殖酸类肥、微生物肥、有机复合肥、无机肥料、叶面肥料（叶面肥中不得含有化学成分的生长调节剂）、有机无机肥、掺合肥，商品肥料质量指标应达到国家有关标准的要求。

③在化肥与有机肥、复合微生物肥料配合使用情况下（有机氮与无机氮之比不超过 1∶1），允许使用化学肥料（氮、磷、钾）。

（3）不允许使用的肥料种类：

①禁止使用硝态氮肥。

②城县生活垃圾不经无害化处理，不许施入田地。

（4）施肥方法：

①基肥。在秋作物收获后，结合秋耕每亩深施农家肥 6 000～8 000 千克，钙镁磷肥 50 千克，硫酸钾 10～15 千克。早春结合浅耕，每亩施尿素 16 千克。

②种肥。每亩用 3 千克磷酸二铵或尿素做种肥，在播种时随种子施在沟内。如果土壤干旱可不施或少施种肥，同时将种子与肥料适当分开。

③追肥。

a. 根部追肥 旱地结合降雨，在拔节孕穗期每亩追施尿素 7.5～10 千克。有灌溉条件的谷田，追肥后及时浇水。

b. 叶面喷肥 灌浆期对生长旺盛的谷子，每亩叶面喷施 0.2％磷酸二氢钾溶液 50～60 千克；对生长较差的谷子每亩叶面喷施 2％尿素溶液和 0.2％磷酸二氢钾混合液 50～60 千克。齐穗前 7 天，所有谷子用 300～400 毫克/千克浓度的硼酸液 100 千克叶面喷洒，间隔 10 天，再喷 1 次。

7. 病虫防治

（1）主要病虫草害种类：

①主要病害种类。白发病、黑穗病。

②主要虫害种类。粟灰螟、粟茎跳甲、黏虫。

（2）防治方法：病虫害的防治坚持"预防为主，综合防治"的植保方针，根据有害生物综合防治的基本原则，采用抗（耐）病品种为主，以农业防治为重点，物理、生物、化学防治有机结合的综合防治措施。

①农业防治。在选用抗病品种、搞好种子检疫的基础上，合理轮作倒茬，造墒保墒，适期播种，适当浅播，播种后覆土，不要过厚，增施氮磷钾肥料，结合中耕除草，彻底拔除病株、残株、虫株，带出田外深埋或烧毁，冬春彻底刨烧谷茬，及时处理谷草，消灭越冬幼虫。

②物理防治。用糖醋酒液（糖3份、醋4份、酒1份、水2份配成诱剂，并加入诱剂量0.5%的90%晶体敌百虫）诱杀或用杨树枝把（谷草耙）诱蛾产卵，每天日出前用扑虫网套住树枝将虫振落于网内杀死，每亩插设5~6个杨树枝把（谷草耙），5天更换1次。

③生物防治。利用天敌和生物农药防治。

④化学防治。应符合 NY/T 393—2000、GB 4285 和 GB/T 8321（所有部分）规定。

a. 绿色谷子生产禁止使用农药　严禁使用剧毒、高毒、高残留或具有三致毒性（致癌、致畸、致突变）的农药，严禁使用基因工程品种（产品）及制剂；每种有机合成农药在一种作物的生长期内只允许使用1次。

b. 绿色谷子生产常用农药　见表7-1。绿色谷子生产常用杀虫剂见表7-2，绿色谷子生产常用杀菌剂见表7-3。

c. 病害化学防治　用种子重量的0.3%的25%瑞毒霉可湿性粉剂拌种，防止白发病；用种子量0.2%~0.3%的75%粉锈宁或50%多菌灵可湿性粉剂拌种，防止黑穗病。

d. 虫害化学防治　在粟灰螟幼虫3龄前（尚未钻蛀茎秆）用90%晶体敌百虫1 000~1 500倍液喷雾防治，兼治粟茎跳甲；黏虫幼虫2~3龄前，谷田有虫20~30头/平方米时，用Bt乳剂200倍液喷雾防治或每亩用2.5%敌杀死乳油15毫升喷雾防治。

表7-1　绿色谷子生产禁止使用的农药

种　类	农药品种	禁用原因
有机氯杀虫剂	滴滴涕、六六六、林丹、甲氧滴滴涕、硫丹	高残毒
有机磷杀虫剂	甲拌磷、乙拌磷、久效磷、对硫磷、甲基对硫磷、甲胺磷、甲基异柳磷、治螟磷、氧化乐果、磷胺、地虫硫磷、灭克磷（益收宝）、水胺硫磷、氯唑磷、硫线磷、杀扑磷、特丁硫磷、克线丹、苯线磷、甲基硫环磷	剧毒、高毒
氨基甲酸酯杀虫剂	涕灭威、克百威、灭多威、丁硫克百威、丙硫克百威	高毒、剧毒或代谢物高毒
二甲基甲脒类杀虫杀螨剂	杀虫脒	慢性毒性、致癌
卤代烷类熏蒸杀虫剂	二溴乙烷、环氧乙烷、二溴氯丙烷、溴甲烷	致癌、致畸、高毒
有机砷杀菌剂	甲基胂酸锌（稻脚青）、甲基胂酸钙胂（稻宁）、甲基胂酸铁铵（田安）、福美甲胂、福美胂	高残毒
有机锡杀菌剂	三苯基醋酸锡（薯瘟锡）、三苯基氯化锡、三苯基锡（毒菌锡）	高残留、慢性毒性
有机汞杀菌剂	氯化乙基汞（西力生）、醋酸苯汞（赛力散）	剧毒、高残毒

（续）

种　类	农药品种	禁用原因
取代苯类杀菌剂	五氯硝基苯、稻瘟醇（五氯苯甲醇）	致癌、高残留
2，4-D 类化合物	除草剂或植物生长调节剂	杂质致癌
二苯醚类除草剂	除草醚、草枯醚	慢性毒性
植物生长调节剂	有机合成的植物生长调节剂	

表7-2　绿色谷子生产常用杀虫剂

农　药			主要防治对象	每亩每次制剂施用量或稀释倍数	施药方法	施药距收获的天数（安全间隔期）天	实施要点说明
通用名	商品名	剂型及含量					
杀螟丹	巴丹	50%可溶性粉剂	粟灰螟、粟茎跳甲	40～100 克	喷雾	21	
喹硫磷	爱卡士	25%乳油	粟灰螟、粟茎跳甲	150～200 毫升	喷雾	14	
敌百虫		90%	粟灰螟、粟茎跳甲、黏虫	1 000～1 500 倍液	喷雾	20	
灭幼脲	灭幼脲 3 号	25%悬浮剂	黏虫	40 毫升	喷雾	15	
氯唑磷	米乐尔	3%	粟灰螟、粟茎跳甲	1 000 克	撒施	28	拌毒土撒施
溴氰菊酯	敌杀死	2.5%乳油	黏虫、蚜虫	10～15 毫升	喷雾	15	
氯氟氰菊酯	功夫	2.5%乳油	黏虫、蚜虫	10～20 毫升	喷雾	15	

表7-3　绿色谷子生产常用杀菌剂

农　药			主要防治对象	每亩每次制剂施用量或稀释倍数	施药方法	施药距收获的天数（安全间隔期）天	实施要点说明
通用名	商品名	剂型及含量					
三唑酮	粉锈宁	25%可湿性粉剂	白发病	28～33 克	喷雾	20	
丙环唑	敌力脱	25%乳油	白发病	33.2 毫升	喷雾	28	
甲基硫菌灵	甲基托布津	70%可湿性粉剂	红叶病、黑穗病	71～100 克	喷雾	30	不得与铜制剂混用
萎锈灵	卫福	40%悬浮剂	黑穗病	2.8 克/千克种子	拌种		
瑞毒霉		25%可湿性粉剂	白发病	3 克/千克种子	拌种		
多菌灵		50%可湿性粉剂	黑穗病	3 克/千克种子	拌种		

第七节　汾西县核桃标准化生产的对策研究

一、栽植办法

1. 栽植核桃选地是关键　核桃树为暖温带落叶果树，喜光、喜肥、根系发达，要求土壤肥力条件好。

2. 核桃品种选择及授粉树配置　早实、矮冠、短枝型品种：新早丰、西林 2 号、辽核 1 号，中林 5 号、鲁光、丰辉。

早实中性较旺品种：香玲、中林 1 号、中林 6 号、绿波、扎 343、辽核 3 号、辽核 4 号、薄壳香等。

晚实品种：晋龙 1 号。

授粉树配置以 8 行主栽品种配 1 行授粉树为宜。

3. 苗木、良种壮苗　优先选择优良品种嫁接苗，其次选择健壮的实先苗（以后改接换优），苗木规格：1 米以上，直径 2.5 厘米。

4. 栽植时间　在保墒较好的地区，春栽比秋栽好，且栽后不需防寒，在干旱地区，秋栽比春栽好，栽后要埋土防寒越冬。

5. 栽植的密度　晚实乔化品种 5 米×7 米（每亩 19 株）早实矮化优良品种 4 米×6 米（每亩 28 株）。

6. 栽植方法　先施入基肥，以农家肥为好，每株 25 千克最好是苗木随起随栽，随挖穴随栽，用湿土填实，栽后灌 1 次水，树盘用地膜覆盖，增加肥力，促进根系恢复再生。

7. 幼苗越冬管理　尤其是秋栽的幼树要采取以下几项措施：

（1）幼树弯倒埋土越冬。

（2）合理施肥，前促后控，秋喷 B$_9$ 等抑制生长剂。

（3）喷洒和涂抹保护剂，可避免抽条。

二、实生核桃嫁接换种技术规程

1. 核桃树龄选择　幼树类树龄在 10 年以下，包括新定植的幼树，初结果树类应全部嫁接。

2. 品种的选择和授粉树的配置　在汾西县平川地带选择早实优良品种，丘陵山区选择晚实优良品种，主栽品种与授粉树隔行配置，比例 3∶1 或 5∶1。必须选择雌先型和雄先型品种，品种不宜选择过多，建立品种档案，便于坚果按品种采收和管理。

3. 砧木选择　应在 10 年生以下，树势旺盛，主干 2 米以下，砧木接口直径在 5～10 厘米之间可插 2～3 个接穗，干在 50 厘米以上高接头数不少于 4～5 个，最多 8～10 个，干周 40 厘米以下，不少于 2～3 个，干周 20 厘米以下可单头嫁接。

4. 地形选择　立地条件好，生长健壮的树可进行嫁接。

5. 接穗采集　发芽前 20～30 天采集，粗度 1.5 厘米左右，髓心小，枝条充实，芽饱满，50～100 条为捆，埋在背阴处 5℃以下的低沟内保存。

6. 嫁接时间　以萌芽后新梢长至 2～3 厘米时最为适宜。汾西县地区为 4 月上中旬。

7. 伤流控制　接口伤流影响高接成活，可采取下部放水的办法予以防止，其方法是：高接前在干基或主枝基部 20 厘米以上螺旋形斜锯 2～3 个锯口，深度为（枝）直径的 1/5～1/4，锯口上下错开。

8. 嫁接方法

（1）插皮接：接穗没有离皮时多采用此法嫁接。

①接穗的削取。选取木质充实的接穗，剪至长 12～15 厘米的枝段，上端留在 2～3 个饱满芽（包括副芽）下端削成 5～8 厘米马耳形切面，削面要平滑，然后将削面两侧的皮层少削去部分露出新皮为度，前端削成薄舌状（便于向砧木皮层与木质部之间插入）待用。

②砧木的处理。选改接树枝，干平直光滑处，将上端截去，然后利用刀将断面削平，在接两侧横削 2～3 厘米的月牙状切口，待接穗插入。

③插入接口。将已削好的马耳形接穗，沿砧木的月牙切口向下慢慢插入层与木质之间，插入深度以结合牢固和少露部分接穗切面（1～1.5 厘米）俗称露白为宜。

④接穗的固定。当接穗插入砧木后，若砧木接口处的直径在 4 厘米以下，可用麻绳或塑料绳绑 4～5 圈绑紧，绑牢为度；若砧木直径超过 5 厘米以上，砧木接口处的接穗，可用长 2～3 厘米的铁钉 2～3 个固定亦可。

⑤接穗的保湿和遮阴。待接穗在接口处固定后，随即用一长 25～30 厘米、直径 10～15 厘米的塑料袋，从接穗的上端套至接口处，袋的下口要覆盖住接穗插入的下部砧木皮层，然后将袋内的空气排出，用麻绳或塑料绳将膜袋的下口绑紧同时将砧穗一起绑牢。塑料袋的上端要出接穗 4～5 厘米，塑料袋一定要封闭好的不露气（常用食品袋），随后用 8～16 开报纸卷一纸筒套在塑料袋的外面，上下扎紧即可。

（2）插皮舌接：

①接穗的削取。待接穗离皮时可用此法，接穗的切削同插皮接。

②砧木的处理。砧木的处理基本同插皮接，插皮舌接可在插入接穗处削去砧木的粗老树皮露出嫩皮（约削剩下 2～3 毫米厚的嫩皮），砧木接口处削皮长略长于接穗马耳形切面长度。

③插入接穗。将已削好的马耳形接穗的皮层轻轻揭离木质部，要将接穗的木质部插入已削好的砧木月牙状切口的形成层部位（皮与木质部之间），接穗剥离的皮层正好覆盖在砧木纵削的嫩皮上，深度同插皮接。

④接穗的固定。同插皮接

⑤接穗的保湿与遮阴。同插皮接

9. 接后管理

（1）放风：接后 20～25 天，接穗开始发芽，抽枝展叶，这时每隔 2～3 天观察 1 次，对展叶的可将膜袋的上端打开一小口，让嫩梢尖端伸出，上端的放风口由小到大不可 1 次打开，更不能过早把袋子去掉，若接芽尚没萌芽或萌芽较短，可把塑料袋和纸袋的上口扎紧，待芽萌发新梢伸长后再打开放风。

（2）除萌：当接穗芽子已萌发后，要及时除掉砧木上的萌芽，以免影响接穗的生长。若接穗上的芽子不能萌发（芽枯死、脱落等），砧木上的芽子可适当保留一部分，以便恢复树冠待 2 年后再改接，否则会导致砧木死亡。

（3）放风折：当新梢生长到 30 厘米左右时，要及时在接口处绑缚长 1.5 米左右的支柱，将新梢轻轻绑缚在支柱上以防风折，随着新梢的加长要绑缚 2～3 次。

（4）松绑：接后 2～3 个月（6 月下旬至 7 月上旬）要将接口处的捆绑材料松绑 1 次（不要把绑缚材料去掉，用铁钉固定的不要松绑），否则会影响接口的加粗生长，8 月上旬可将绑缚材料全部去掉。

三、整形修剪

1. 修剪时期

（1）采收后到叶片变黄之前。

（2）春枝展叶以后。

2. 幼树整形修剪

（1）主干疏层形：有明显的中心领导干，主技 6～7 个，分 3 层螺旋形着生在中心领导干上，形成半圆形，或圆锥形。

作法是：

定干：有间作物，干高 1.5～2.0 米；无间作物，干高 0.8～1.2 米。

主枝栽后 2～3 年分枝时，可选留第一层三大主枝，早实核桃分枝多，可早此留成。三大主枝应临近着生，层内距 40～60 厘米，水平角 120°左右，基角 55°～65°，腰角 70°～80°，梢角 60°～70°，栽后 4～5 年选留第二层主枝（2 个），层间距 1.5～2 米，小冠形保持 1～1.5 米，第三层选留 1～2 个，与第二层间距 80～100 厘米，各层次枝要上下错开，插空选留，以免重叠。

侧枝、着生结果枝的重要部位，一定适当错开，第一层主枝上各留 2～3 个倒枝，第二层主枝各留 1～2 个，第三层主枝选择 1 个基部主枝的第一侧第一枝尽量同向选留，第一侧枝距中心干 80～100 厘米，第二侧枝距第一侧 40～60 厘米，第三侧枝距第二侧枝 80 厘米，侧枝与主枝水平夹角 45°～50°为宜。

（2）自然开心形：无明显中心领导干，树形成形快，结果早，常见有三、四、五大主枝开心形，一般指三大主枝开心形，整形时，先多后少，从中选合适的三大主枝，主枝上着生侧枝，侧枝上着生枝组，尽量提高光能利用率，平衡三大主枝的生长势，抑强扶弱。

2. 结果树的修剪　核桃定植后 8～10 年开始进入结果期（无性系苗提早 3～5 年），这时各级骨干枝尚未全部配齐，生长仍很旺盛，树冠还在扩大，结果逐年增多。修剪的主要内容是：一方面继续培养主、侧枝，调整各级骨干枝的生长势，使骨架牢固，长势均衡，树冠圆满，准备将来负担更多的产量；另一方面应在不影响骨干枝生长的前提下，充分利用辅养枝早结果，早丰产。

核桃一般 15 年左右进入盛果期，是一生中产量最高的时期，土壤管理条件好，盛果期可维持 30～50 年。盛果期树冠扩大速度缓慢，并逐渐停止，树姿开张，随着产量的增加，外围枝绝大多数成为结果枝，结果部位外移，生长和结果之间的矛盾表现突出。管理条件不良时，外围枝增多，通风透光不良，营养分配失调，外围枝条下垂，内膛小枝干枯，主枝基部秃裸。修剪的主要内容是：继续培养丰产树形，改善通风透光条件，调整生长和结果的关系，防止结果部位外移，继续培养和安排好各类结果枝组，保持良好的生长和结果能力，延长盛果期年限，获得高产稳产。

（1）各级骨干枝和外围枝的修剪：主干疏散分层形到一定高度可利用三叉枝逐年落头去顶，最上层主枝代替背后枝，开始盛果期，各主枝还继续扩大生长，仍需要各级骨干枝的培养，及时控制背后枝，保持枝头的长势。当相邻树头相碰时，可疏剪外围，转主换头。先端衰弱下垂时，应及时回缩，抬高角度，复壮枝头。盛果期大树外围枝已大部成为结果枝，由于连年分生，常出现密挤、交叉和重叠现象，要适当疏间和适时回缩，对下垂枝、细雨弱枝、雄花枝、干枯枝和病虫枝，应及时早从基部疏除。通过这样处理，可改善内膛光照条件，做到"外围不挤，内膛不空"。

（2）结果枝组的培养和修剪：结果枝组是盛果期大树结果的主要部位，因而结果枝应该在初果期和盛果期即着手培养和选择，以后主要是枝组的调整和复壮。结果枝组的培养方法在以下几种：

①着生在骨干枝上的大中型辅养枝，经回缩后改造成大、中型结果枝组。

②利用有分枝的强壮发育枝，采取去强留弱，去直留平的修剪方法，培养成中、小型结果枝组。

③利用部分长势中庸的徒长枝培养成内膛结果枝组。

结果枝组的修剪，首先要对有碍主、侧枝生长，影响通风透光的枝组进行回缩，过密的可以疏除。为防止内秃外移，应不断更新枝组，即多数为结果母枝时用壮枝带头继续发展，空间较小的可去直留斜，缩剪到向侧面生长的分枝上，引向两侧生长，缓和生长势。背上枝组重剪使斜生。长势较弱的枝头，下垂的枝组，要去弱留强，去老留新，抬高枝角，使其复壮。

（3）徒长枝的利用：盛果后期树势逐渐衰老，内膛萌发大量徒长枝，生长过强、处理不及时，使内膛郁闭、扰乱树形，甚大形成树上长树，影响光照，消耗养分。若处理及时，控制得当，可利用徒长枝培养结果枝组，充满内膛，补充空间，增加结果部位。衰老树上还利用徒长枝培养成接班枝，更换枝头，使老树更新复壮。

3. 放任生长树的改造修剪

（1）放任生长树的表现：

①大枝过多，层次不清，枝条紊乱，从属关系不明。主枝多轮生、叠生、并生。第一层主枝常有4～7个，盛果期树中心干弱。

②由于主枝延伸过长，先端密挤，基部秃裸，造成树冠郁闭，通风透光不良，内膛枝细弱，逐渐干枯死亡，导致内膛空虚，结果部位外移。

③结果枝细弱，连续结果能力降低，甚大形不成花芽，从大枝的中下部萌生大量徒长枝，形成自然更新，重新构成树冠，连续几年产量很低。

（2）放任生长树的改造方法：

①树形的改造。放任生长的树形多种多样，应本着"因树修剪，随枝作形"的原则，

根据具体情况区别对待。中心干明显的树改造为主干疏层形；中心领导干很弱或无中心干的树改造为自然开心形。

②大枝的选留。大枝过多是一般放任生长树的主要矛盾，应该首先解决好。修剪前要对树体进行全面分析，通盘考虑，重点疏除密挤的重叠、并生枝、交叉和病虫害危害枝。主干疏层树留5～7个主枝，主要是第一层要选留好，一般可考虑到3个或4个；自然开心形处理。40～50年生的大树，只要不是疏大枝过多，一般一次去掉较多的大枝，虽然当时显得空一些，但内膛枝组很快占满，实现立体结果，对于较旺的壮龄树，则应分年疏除，否则引起长势更旺。

③中型枝的处理。中心枝组是指着生在中心领导枝和主枝上的多年生枝，在大枝除掉后，总体上大大改善了通风透光条件，为复壮树势充实内膛创造了条件，但在局部仍显得密挤。所以，对中心枝也要及时得理，处理时要选留一定数量的侧枝，其余的枝条采取疏间和回缩相结合的方法，疏间过密枝、重叠枝和回缩延伸过长的下垂枝，使其抬高角度。中型枝处理原则是大枝疏除较多，中型枝则少除，否则去掉的中型枝可一次疏除。

④外围枝的调整。大、中型枝处理后，已经基本上解决了枝量过多的问题，但外围枝是冗长细弱的，有些成下垂枝，必须适度回缩，抬高角度，增强长势。衰老树的外围枝大部分是中短果枝和雄花枝，应适当疏间和回缩，用粗壮的枝条带头。

⑤结果枝组的调整。当树体营养得到调整，通风透光条件得到改善后，结果枝组有复壮的机会。这时应对结果枝组进行调整，其原则是根据树体结构、空间大小、枝组尖形（大、中、小型）和枝组的生长势来确定。对于枝组过多密的树，要选留生长势壮的枝组，疏除衰弱的枝组。对有空间的枝组可适当回缩，抬高角度，用壮枝带头，继续发展空间小可在有生长能力的分枝处缩剪，充实空间。枝组内部的一年生枝修剪，要疏弱留强，留强壮的中长果枝结果，以维持连年结果。

⑥内膛枝组的培养。利用内膛徒长枝进行改造。常用培养（改造）结果枝组的方法有两：一是先放后缩，即对中庸徒长枝第一年放，第二年缩剪，将枝组引向两侧；二是先截后放，对中庸徒长枝，先短截，种进分枝，然后再对分枝适当处理，第一年留5～7个芽重短截，第二年除直立旺长枝，用较弱枝当头并缓放，促其成花结果。

内膛枝组的配备数量应根据具体情况而定，一般来说枝组间的距离应保持60～100厘米，做到大、中、小相间，交错排列，小树旺树尽量少留背上枝组，衰弱老树可适当多留一些。

（3）放任生长树的分年改造：根据各地生产实践，放任树的改造大致可分为3年完成，以后可按常规修剪方法进行。

第一年。以疏除过多的大枝为主，从整体上解决树冠郁闭的问题，改善树体结构，复壮树势。这一年修剪量大，一般盛果末期的大树，修剪量（以剪下任一个一年生枝为单位）应掌握在40～50个之间，过轻，树势不能很快复壮；过重，生长失调，影响产量。

第二年。以调整外围枝和处理中型枝为主。

第三年。以结果枝组的整理复壮的培养内膛结果枝组为主。

上述修剪量，必须根据立地条件、树龄、树势、枝量多少而定，灵活掌握，不可千篇一律，各大、中、小枝的处理也必须全盘考虑，有机地配合。

4. 人工辅助授粉的时间和方法

（1）花粉采集：核桃雄花序即将开放或初放时，采集后置于通风的炕上摊开，要求炕温 16～20℃为好，经 1～2 天后花粉自然散出，用铁筛将花粉筛出，放在干燥的容器中，贮存在冷凉的低温处待用。

（2）授粉方式和方法：抖授，即当雌花开放时，以 1 份花粉加 10 份填充剂（滑石粉、甘薯粉等）混合后，放在双层纱布内，用竹扦或木棍挑起于上午 8～11 时在树上抖动授粉；序授，即用初花、盛花期的雄花序，扎成束直接在树上抖授或将成束雄花序挂在树上。

5. 疏除过多雄花芽　落花落果是核桃产量低而不稳的重要原因之一。除加强土肥水管理，合理修剪、人工辅助授粉外，人工疏雄可提高座果率，增加核桃产量效果明显。

疏雄时间、方法和疏雄量：当核桃雄花萌芽膨大时（呈桑葚状）去雄效果最佳，坐果率可高达 77.7％，此时为 3 月下旬至 4 月上旬（春分至谷雨）。疏雄的方法主要是用手指模去或用木钩去掉雄芽。疏雄量一般以疏除全树雄花芽的 70％～90％较为适宜。

四、核桃丰产管理技术措施

1. 耕作管理

（1）深翻熟化：每年深翻 1 次，提高土壤保水肥能力，增加透气性，避免旱荒。结合施肥年年深翻 1 次。

（2）刨树盘：每年进行 3～4 次，春季发芽前 1 次，雨季 1 次深度 15 厘米，秋季在采收后落叶前深 25 厘米，树盘要大于树冠枝影面积，里低外高。

（3）中耕除草：无间作物，要中耕 2～3 次，有间作物可结合种植间作物进行中耕。

2. 施肥管理

（1）核桃不同树龄施肥量：见表 7 - 4。

表 7 - 4　核桃不同树龄施肥量

树　龄	氮	磷	钾
1～5 年生	100 克/株	少	少
6～10 年生	5.3～8 千克/亩·年	6.5～8 千克/亩·年	6.5～8 千克/亩·年
盛果期	8～20 千克/亩·年	6.5～8 千克/亩·年	8～10 千克/亩·年
施肥期	5 月施 1/3，秋 2/3	秋	秋

（2）施肥方法：

①放射状沟施。以树干为中心，距树干约 1.0～1.5 米处，沿水平根方向，向外挖 4～6 条放射状施肥沟，沟宽 40～50 厘米，沟深 30～40 厘米，沟由里到外逐渐加深，沟长随树冠大小而定，一般为 1～2 米。肥料均匀施入沟内，埋好即可。施基肥要深，施追肥可浅些。每次施肥，应错开开沟位置，扩大施肥面。

②环状沟施。沿树冠边缘挖环状沟，沟宽 40～50 厘米，沟深 30～40 厘米。此法易挖断水平根，且施肥范围小，适用于幼树。

③条状沟施。在树冠外沿两侧开沟，沟宽 40～50 厘米、沟深 30～40 厘米，沟长随树冠大小而定。成龄树根系已布满全园，可将肥料均匀撒在园地，然后深翻入土。此法常施得浅，不利于根系向纵深发展，因而应与放射状沟施，隔年更换使用。

（3）追肥。

①花前。3 月下旬，每株施尿素 1.5 千克、过磷酸钙 2.5～4 千克。

②花后。5 月上旬，每株尿素 1～1.5 千克、过磷酸钙 2.5～5 千克。

③硬核期。6 月下旬，每株尿素 1～1.5 千克，或草木灰 10～15 千克。十分重要，有利于花芽分化。

3. 浇水管理　8 月上旬墒情差时浇 1 次水，秋施基肥后要大水灌透，有条件的 11 月可灌冻水，5 月中旬至 8 月上旬不浇水。

4. 栽培管理　核桃栽培管理见表 7 - 5。

表 7 - 5　核桃栽培管理

月　份	主要工作
1～2	刮治腐烂病、介壳虫，剪除枯死枝；整修地堰，垒好树盘
3	树冠下深刨 15 厘米，拣出石块，兼治举肢蛾；株追尿素 1～1.5 千克；喷 3～5 度石硫合剂；剪取优种 1 年生发育枝中段或基段做接穗、蜡封、储存。
4	伤流小，易离皮时进行苗木枝接的大树高接；疏除过多的雄花芽；苗圃整地、作畦，开沟播种，每亩需种子 100～150 千克。
5	在雌花盛期喷 50 毫克/千克、赤霉素、500 毫克/千克稀土，100 毫克/千克硼酸，用以提高座果率；结果树每株追尿素 1～1.5 千克、过磷酸钙 2～3 千克或 2～3 千克硝酸磷；完全展叶后处理徒长枝、过密枝；枝接检查成活，设立支柱，高接换头的放风
6	重点抓好防止核桃举肢蛾、天牛及瘤蛾的工作；芽接；夏季修剪；大树追施氮、磷肥，有灌溉条件的浇水；中耕除草；高接树除萌，继续设立支柱
7	地面撒药毒杀举肢蛾脱果幼虫；防治木、袋蛾、天牛及黑斑病；追施磷、钾肥；压绿肥
8	继续防治举肢蛾、刺蛾；中耕除草；高接树摘心，喷多效唑防徒长；对高接树原来设立的支柱、松绑、防止捆绑部位缢伤，松后仍应将支柱绑紧（可换捆绑部位）
9	采收，并将表皮脱去、漂洗、晾晒，贮藏好坚果，勿使霉烂；修剪过密枝、病枯枝；施基肥
10	继续修剪；结合施基肥深翻扩穴；防止浮尘子上树产卵；高接树除去支柱
11	苗圃刨苗，并分级假植；果园深翻，有灌溉条件的浇水；做好幼树越冬防寒工作
12	清洁果园清扫枯枝、落叶；继续完成耕翻、灌水工作（上旬）；整修地堰、树盘；封冻前秋播；层积处理种子；树干涂白

第八节　无公害马铃薯生产操作规程与施肥方案

根据无公害食品马铃薯生长技术规程（NY 5221—2005）制定本生产操作规程，适用于汾西县无公害蔬菜生产基地内马铃薯的生产。

1. 品种选择与栽培季节

（1）品种选择：马铃薯品种应选择表皮光滑、芽眼浅、外观性状好、抗病、丰产、优质、适销对路的脱毒种薯，主要品种有东北白、紫花白、晋薯 7 号等，亩用量 125～150 千克。

（2）栽培季节：5 月上旬至 5 月中旬播种，9 月中旬至 10 月上旬收获。

2. 播种前的准备

（1）整地施肥：禁止使用未经国家和省级部门登记的化学或生物肥料，禁止使用硝态氮肥。禁止使用城县垃圾、污泥、工业废渣。马铃薯的施肥以基肥为主，亩施有机肥 2 500 千克，碳酸氢铵 50 千克，过磷酸钙 50 千克，硫酸钾 20 千克。

（2）种薯处理：

①晒种。把出窖后经过严格挑选的种薯，装在麻袋、塑料网袋里或堆放在空房子、日光温室和仓库等处，使温度保持在 10～15℃，有散射光线即可。经过 15 天左右，当芽眼刚刚萌发动见到小白芽时，就可以切芽播种了，如果种薯数量少，可把种薯摊开为 2～3 层，摆放在光线充足的房间或日光温室里，使温度保持在 10～15℃，让阳光晒着，并经常翻动，当薯皮发绿芽萌动时，就可以切芽播种了。

②切块。切块时注意每个芽块的重量最大达到 50 克（1 两），最小不能低于 30 克（6 钱）

3. 播种

（1）播种期：地膜覆盖春播马铃薯要求当 10 厘米深度地温稳定通过 5℃，以达到 6～7℃，较为适宜，一般在 5 月上旬至 5 月中旬播种比较适宜，土壤含水量为 14％～16％时播种。

（2）播种密度：马铃薯种植以垄（行）距 60～70 厘米、株距为 24～26 厘米较好。肥水充足植株相对稀植，地力较差，种植相对密一些，亩留苗为 3 000～3 500 株。

（3）播种深度：一般播种深度为 8～10 厘米。

（4）播种量：马铃薯的播种量与品种、栽植密度、切块大小及播种方式等有关，一般切块播种每亩用种 125～150 千克。

4. 田间管理

（1）中耕培土：马铃薯播种后 30 天左右出苗，出苗后应及时查苗补苗，轻锄松土，以利出苗，苗高 12～15 厘米，结合培土进行第二次中耕除草，在封垄前进行第三次中耕培土。

（2）水肥管理：旱地马铃薯一般不追肥浇水，地膜覆盖早熟栽培遇春旱时人工浇水一次，同时中耕。

（3）摘除花蕾：花蕾形成花序抽出时，及时摘除。

（4）病虫害防治

①农业防治：针对主要病虫控制对象，选用高抗多抗的脱毒种薯；实行严格轮作制度，与非茄科作物轮作 3 年以上，在地块周围适当种植高秆作物作防护带，增施充分腐熟的有机肥，少施化肥；清洁田园。

②物理防治。覆盖银灰色地膜驱避蚜虫，利用频振式杀虫灯、性诱剂诱杀成虫。

③化学防治

a. 晚疫病用 72％的克露或 75％的达科宁任意一种，每亩用量为 100～150 克，加水

50 升稀释，用喷雾器均匀喷施马铃薯苗，每隔 7 天喷 1 次，交替换药，收获前 20 天停止用药。

b. 二十八星瓢虫：用 2.5％，的敌杀死或 2.5％功夫，每亩用药 20～30 毫升，加水 50 升，进行田间喷雾，每隔 7～10 天 1 次，连喷 2～3 次，收获前 15 天停止用药。

5. 收获、包装　适期收获，收获标准为：茎叶有绿变黄，薯块易从茎上脱落，用手指擦薯块，表皮脱落，用刀削薯块，伤口易干燥，收获时要避免损伤薯块，收获的马铃薯要避免暴晒，经暴晒的薯块易腐烂，不耐存储，将达到商品标准要求的块茎分级后统一包装上市。

（1）马铃薯产量为 1 000 千克/亩以下的地块，氮肥（N）用量推荐为 4～5 千克/亩，磷肥为（P_2O_5）为 3～5 千克/亩，钾肥（K_2O）为 1～2 千克/亩。亩施农家肥 1 000 千克以上。

（2）马铃薯产量为 1 000～1 500 千克/亩的地块，氮肥（N）用量推荐为 5～7 千克/亩，磷肥为（P_2O_5）为 5～6 千克/亩，钾肥（K_2O）为 2～3 千克/亩。亩施农家肥 1 000 千克以上。

（3）马铃薯产量为 1 500～2 000 千克/亩的地块，氮肥（N）用量推荐为 7～8 千克/亩，磷肥为（P_2O_5）为 6～7 千克/亩，钾肥（K_2O）为 3～4 千克/亩。亩施农家肥 1 500 千克以上。

（4）马铃薯产量为 2 000 千克/亩以上的地块，氮肥（N）用量推荐为 8～10 千克/亩，磷肥（P_2O_5）为 7～8 千克/亩，钾肥（K_2O）为 4～5 千克/亩。亩施农家肥 1 500 千克以上。

6. 马铃薯基肥、种肥和追肥施用方法

（1）基肥：有机肥、钾肥、大部分磷肥和氮肥都应作基肥，磷肥最好和有机肥混合沤制后施用。基肥可以在秋季或春季结合耕地沟施或撒施。

（2）种肥：马铃薯每亩用 3 千克尿素、5 千克普通过磷酸钙混合 100 千克有机肥，播种时条施或穴施于薯块旁，有较好的增产效果。

（3）追肥：马铃薯一般在开花以前进行追肥，早熟品种应提前施用。开花以后不宜追施氮肥，以免造成茎叶徒长，影响养分向块茎的输送，造成减产。可根外喷洒磷钾肥。

第九节　无公害普通白菜（大白菜）生产操作规程与施肥方案

根据无公害食品普通白菜生产技术规程（NY 5213—2004）制定本生产操作规程，适用于汾西县无公害蔬菜生产基地内普通白菜的无公害生产。

1. 范围
本标准规定了普通白菜的产地环境要求和生产管理措施。
本标准适用于无公害普通白菜生产。

2. 标准的引用
GB 4285　农药安全使用标准
GB/T 8321 （所以部分）农药合理使用准则

NY 5010 无公害食品蔬菜产地环境条件

3. 产地环境 应符合 NY 5010 规定，选择地势高燥，排灌方便，土层深厚、疏松、肥沃的地块。

4. 生产技术管理

（1）露地土壤肥力等级的划分：根据露地土壤中的有机质、全氮、碱解氮、有效磷、速效钾、缓效钾等含量高低而划分的土壤肥力等级。具体等级指标见表 3-2、表 3-3。

（2）栽培季节与品种选择：

①栽培季节。普通白菜 4 月中旬至 5 月上旬播种，7 月中旬至 8 月中旬采收。

②品种选择。普通白菜选择冬性强，不易抽薹的品种，目前生产上常用的品种主要有夏王、春大王、春晓等。

（3）整地施基肥：禁止使用未经国家和省级农业部门的化学或生物肥料。禁止使用硝态氮肥。禁止使用城县垃圾、污泥、工业废渣。结合翻地，底施腐熟优质有机肥 5 000 千克，过磷酸钙 50 千克，尿素 20 千克或复合肥 25 千克，翻地后耙平。

（4）播种。

①播种期。在当地晚霜前 4～5 天播种，在汾西县一般为 4 月中旬至 5 月上旬播种为宜。

②播种密度。适度密植是保证普通白菜高产稳产的关键，亩留苗一般为 2 500 株左右，即行距 60 厘米，株距 40 厘米为宜。

③播种方法。普通白菜一般采用地膜覆盖直播的方法，按行距铺膜，按株距在膜上打穴，每幅膜上播 2 行，穴位互相错开，穴深 3～4 厘米，然后播种，每穴 2～3 粒种子，播种后点浇小水水渗后覆土，亩用种量 30～40 克。

（5）田间管理：

①查苗、补苗、间苗。在普通白菜出苗时及时查苗、补苗、保证苗全，当普通白菜幼苗长出 2 片真叶时及时间苗、定苗，保证苗壮。

②肥水管理。除施足底肥外，在普通白菜成长过程中要及时追施速效肥料，不可进行蹲苗，促使其快速形成莲座叶和叶球，一般在莲座叶前期和包心前期追施 2 次速效肥料，每次追施尿素 10～15 千克，采收前 30 天停止使用化肥。

③中耕除草。在定苗后和封垄前进行 2 次中耕除草。

（6）病虫害防治：

①病虫害防治原则。按照"预防为主，综合防治"的植保方针，坚持"以农业防治、物理防治、生物防治为主，化学防治为辅"的无害化控制原则。

②农业防治。选用抗病品种；适期播种；合理轮作；加强管理；拔除并销毁病株。

③物理防治。覆盖银灰色地膜驱避蚜虫，利用振式杀虫灯、性诱剂诱杀成虫。

④生物防治。a. 天敌：积极保护利用天敌，防治病虫害；b. 采用生物药剂硫酸链霉素防治软腐病。

⑤主要病虫害药剂防治。以生物药剂为主，使用药剂防治时严格按照 GB 4285 农药安全使用标准、GB/T 8321（所有部分）农药合理使用准则规定执行。

a. 软腐病：发病初期用 72% 的农用链霉素可湿性粉剂 14 克/亩，于莲座中期和包心前期连喷 2 次，收获前 15 天停止用药。

b. 霜霉病：用 72％杜邦克露 100 克/亩，7～10 天 1 次，连续用药 2 次，收获前 15 天停止用药。

c. 小菜蛾：7 月中旬用 10％阿维苏可湿性粉剂 40 克/亩喷雾，只用 1 次，收获前 15 天停止用药。

（7）采收：普通白菜播种越早，抽薹可能性越大，故应及时早收，只要叶球紧包实，即可采收，及时上市，不可拖延。

（8）清洁田园：将根茬败叶和杂草地膜清理干净，集中进行无害化处理，保持田间清洁。

第十节　无公害白萝卜生产操作规程与施肥方案

根据无公害食品白萝卜生产技术规程（NY 5082—2005）制定本生产操作规程，适用于汾西县无公害蔬菜基地内白萝卜的无公害生产。

1. 范围

本标准规定了白萝卜的产地环境要求和生产管理措施，本标准适用于无公害白萝卜生产。

2. 标准的引用

GB 4285　农药安全使用标准

GB/T 8321　（所有部分）农药合理使用标准

NY 5010　无公害食品　蔬菜产地环境条件

3. 产地环境　应符合 NY 5010 的规定，选择地势高燥，排灌方便，土层深厚，疏松、肥沃的地块。

4. 生产技术管理

（1）露地土壤肥力等级的划分：根据露地土壤中的有机质、全氮、碱解氮、有效磷、速效钾、缓效钾等含量高低而划分的土壤肥力等级。

（2）栽培季节与品种选择：

①栽培季节。白萝卜 4 月中旬至 5 月中旬播种，7 月上旬至 8 月下旬收获。

②品种。选择春萝卜要求品种耐寒性较强，抽薹晚，不易糠心，生产期较短一般为40～60 天，质地脆嫩，生熟可食均可的品种，目前生产上常用的品种主要是特新白玉春、赛白玉等。

（3）整地施肥：禁止使用未经国家和省级农业部门登记的化学或生物肥料，禁止使用硝态氮肥，禁止使用城县垃圾、污泥、工业废渣。结合翻地，亩施优质腐熟有机肥 3 000千克，碳酸氢铵 50 千克，过磷酸钙 30 千克，硫酸钾 15 千克。

（4）播种：

①播种期。春萝卜播种期一般为当地 10 厘米地温稳定在 10℃以上，晚霜前 5 天左右下种，在汾西县较适宜时期为 4 月中旬至 5 月中旬。

②铺地膜。播种前 7 天左右，将土地耙平，然后平地铺膜，膜间距 60 厘米。

③播种方法。春萝卜播种采用穴播的方法，一般中型品种行距 17～27 厘米，株距 17～20 厘米，播种深度 2.0～3.0 厘米，每穴用种 1～2 粒，播后点浇小水，水渗下后覆土。

（5）田间管理：

①查苗、补苗、间苗、定苗。萝卜出苗时及时查苗、补苗，对于未出苗的和病株、弱株要及时催芽补种，对于健壮株要及时间苗、培土定苗。

②中耕除草。萝卜在生产期间要及时中耕除草松表土，以促进根的发育。

（6）病虫害防治：

①病虫害防治原则。按照"预防为主，综合防治"的植保方针，坚持"以农业防治、物理防治、生物防治为主，化学防治为辅"的无害化控制原则。

②农业防治。针对主要病虫控制对象，选用高抗多抗的品种；实行严格轮作制度，与十字花科作物轮作 3 年以上；在地块周围适当种植高秆作物作防护带，测土平衡施肥，增施充分腐熟的有机肥，少施化肥，清洁田园。

③物理防治。覆盖银灰色地膜驱避蚜虫，利用频振式杀虫灯、性诱剂诱杀成虫。

④生物防治。

a. 天敌：积极保护利用天敌，防治病虫害。

b. 生物药剂：采用生物药剂苏维士防治小菜蛾。

⑤主要病虫害药剂防治。以生物药剂为主。使用药剂防治时严格按照 GB 4285 农药安全使用标准、GB/T 8321（所有部分）农药合理使用准则规定执行。

a. 小菜蛾：用 0.1％苏维士可湿性粉剂 40 克/亩或 2％阿维菌素 30 毫升/亩喷雾 1 次，收获前 15 天停止用药。

b. 跳甲：用 20％绿高乳剂 70 克/亩喷雾 1 次，收获前 15 天停止用药。

（7）劣质萝卜的防止

①先期抽薹防止方法：一是选用冬性强大品种和种子，如特新白玉春；二是适时播种；三是加强管理在生产中一定要加强肥水管理、中耕除草，及时防治病虫害，促使肉质根迅速膨大，使上市期提前。

②糠心的防止方法：一是选用肉质根致密、干物质含量高的品种，如特新白玉春等；二是合理施肥，增施钾肥，不能片面施用氮肥；三是均衡供水，特别要防止前期土壤湿润而后期土壤干旱的现象。

③奇形根的防止方法：一是选用活力强调种子，尽量不用陈旧种子；二是栽培地块应选用土层深厚，排水良好的沙质壤土，要深耕细耙，精细整地，无砾石，砖瓦等杂物；三是间苗、中耕、除草等操作要认真，不要给幼苗或幼根造成机械损伤。

④白绣和粗皮的防止方法：播种不宜过早，生长期不易过分延长。

⑤黑皮黑心的防止方法。一是及时播种、松土、增加土壤通透性；二是防止萝卜黑腐病。

⑥辣味和苦味的防止方法。适期晚播，合理供水，避免日间温度过高，增施有机肥和钾肥。

（8）采收：春萝卜价格是越早越好，因此应及时早收，只要肉质根有商品价值，就要采收，每收一次要压实土壤。

（9）清洁田园：将根茬败叶和杂草、地膜清理干净，集中进行无害化处理，保持田间清洁。

第十一节　无公害菜豆角生产技术操作规程与施肥方案

根据无公害食品菜豆角生产技术规程（NY 5078—2005）制定本生产操作规程，适用于汾西县无公害蔬菜基地内菜豆角的无公害生产。

1. 范围

本标准规定了无公害菜豆生产技术管理措施。

2. 标准的引用

GB 4285　农药安全使用标准

GB/T 8321　（所有部分）农药合理使用准则

GB 8079　蔬菜种子

NY 5080—2002　无公害食品　菜豆

AY/T 5081—2002　无公害食品　菜豆生产技术规程

NY 5010　无公害食品　蔬菜产地环境要求

3. 产地环境　选择地势平整，土壤肥沃，理化性状良好的壤土或砂壤土为宜，并符合 NY 5010 的规定。

4. 生产技术管理

（1）栽培季节：5 月上旬。

（2）品种选择：豆角品种选用秋紫豆、架豆王系列品种。

（3）栽培模式：豆角选用与玉米间作套种的模式栽培，一般按玉米与豆角 2：1 是比例种植，1.2 米为一带，玉米按标准宽窄行即大行距 0.8 米，小行距 0.4 米播种，然后覆盖地膜，在大行内点播 1 行菜豆角，密度随地力确定，一般玉米留苗为 3 000～3 500 株，菜豆角为 1 000～1 700 株。

（4）播种：

①播种前的准备。

a. 土壤选择：表皮较厚、有效磷较多、排水良好、pH 为 6～7 的壤土或沙壤土为宜（地下水位高、黏重、过酸或过碱的土壤，或结构疏松、有效磷少的沙土不适宜），且前茬未种过豆科作物。

b. 整地施肥：一般亩施腐熟优质农家肥 4 000 千克，配合施用碳酸氢铵 50 千克、过磷酸钙 50 千克、硫酸钾 10 千克，全部基肥，一次性使用，生长期一般不追肥。

②播种玉米。4 月中旬按标准播种玉米并盖膜。

③豆角播种期。5 月上旬。

④种子质量。符合 GB 16715.2 的要求。

⑤播种量。1 千克/亩。

⑥播种方法。在玉米膜侧点播。

⑦定植密度。每亩 1 000～1 700 株。

（5）田间管理：出苗后进行 1～2 次中耕除草，查漏补缺，保证苗全苗壮，适度蹲苗，一般不浇水，雨后注意防涝。

（6）采收：

①采收适期。一般情况下，嫩荚应在花后 10～15 天采收，气温较低，花后 15～20 天采收，气温较高则花后约 10 天采收，当豆荚由绿转淡绿，外表有光泽，种子尚未显露或略为显露时采收。采收时掐断荚柄，不能拉摘。

②采收标准。鲜嫩、无虫蛀、无锈斑、不带梗。

（7）清洁田园：及时清除田间病残枯枝败叶和杂草，集中进行无害化处理，保持田间清洁。

（8）病虫害防治：

①锈病。用 8％氟哇唑（百奋），亩用量 40 克，连喷 2 次。

②豆荚螟。用敌杀死乳油，亩用量 30 克，整个生长期只需喷药 1 次

（9）禁止使用的农药：甲拌磷（3911）、治螟磷（苏化 203）、对硫磷（1605）、甲基对硫磷（甲基 1605）内吸磷（1069）、杀螟威、久效磷、磷铵、甲胺磷、异丙磷、三硫磷、氧化乐果、磷化锌、甲基硫环磷、甲基异柳磷、氰化物、克百威、氟乙酰胺、砒霜、杀虫脒、赛力散、溃疡净、氯化苦、五氯酚钠、二溴氯丙烷、401、六六六、滴滴涕、氯丹及其他高毒残留农药。

第十二节　无公害番茄生产操作规程与施肥方案

根据无公害食品番茄生产技术规程（NY 5005—2001）制定本生产操作规程，适用于汾西县无公害蔬菜基地内番茄的无公害生产。

1. 范围

本标准规定了番茄的产地环境要求和生产管理措施。本标准适用于无公害番茄生产。

2. 标准的引用

GB 4285　农药安全使用标准

GB/T 8321　（所有部分）农药合理使用准则

NY 5010　无公害食品　蔬菜产地环境条件

3. 产地环境　应符合 NY 5010 的规定，选择地势高燥，排灌方便，土层深厚、疏松、肥沃的地块。

4. 生产技术管理

（1）露地土壤肥力等级的划分：根据露地土壤中的有机质、全氮、碱解氮、有效磷、速效钾、缓效钾等含量高低而划分的土壤肥力等级。

（2）栽培季节与品种选择：

①栽培季节。3 月下旬至 4 月中旬，利用阳畦或大棚播种育苗，5 月上、中旬晚霜过后铺地膜定植，7 月上旬至 9 月下旬采收。

②品种选择。宜选择植株长势旺、抗病、抗旱、丰产的品种，当前有：毛粉 802、毛

红 801、晋番茄 1 号、红抗 218、美国大红、中杂 4 号、美国羞女（自封顶型）、中杂 9 号、合作 908、赛丽斯等。

（3）育苗：

①育苗设施。大棚或日光温室。

②播期。3 月中下旬。

③种子处理。

a. 播种量　每亩需种子 20～30 克。

b. 温汤浸种　把种子放入 55℃热水中，维持水温，均匀泡 15 分钟，时间到了以后，要把水温迅速将到 30℃左右，开始转入泡，主要防治叶霉病、早疫等。

c. 种催芽　种子泡 6～8 小时后捞出洗净，置于 25℃条件下保温保湿催芽。

d. 播种方法　选择无风晴天时播种，阳畦整平后浇透水，待水渗下后向面撒 0.3～0.4 厘米厚的细土即可播种，尽量使种子洒均匀，播量 2～3 克/平方米。

e. 苗期管理　播种后至出苗前一般不通风，白天保持温度 25～30℃，夜间不低于 15℃，当 70％苗出土后开始通风降温，一般白天 15～20℃，夜间 6～10℃，当第一片真叶露尖时要控温，白天 15～25℃，夜间 10～15℃，间苗以间开不使苗拥挤为准。待定植前 7～10 天进行低温练苗，使白天温度保持 18～20℃，夜间 10～13℃，当幼苗叶色较深，新苗根长到土表时即可定植。

f. 适龄壮苗标准　番茄标准苗岭 60 天左右，茎秆粗壮，直立挺拔，高度 20 厘米左右，第一花序现蕾，叶色深绿，茎叶上茸毛较多，秧苗顶部稍平展不突出，根系发达，无病虫害。

（4）定植：

①整地施肥。禁止使用未经国家和省级农业部门登记的化学或生物肥料，禁止使用硝态氮肥，禁止使用城县垃圾、污泥、工业废渣。结合翻地，每亩施入优质腐熟有机肥 5 000 千克，碳酸氢铵 50 千克，过磷酸钙 50 千克，硫酸钾 15 千克。

②铺地膜。播种前 7 天左右，将土地耙平，然后平地铺膜，膜距 60 厘米。

③定植期。定植期在晚霜过后，10 厘米地温稳定在 8℃以上，一般在 5 月上、中旬进行。

（5）田间管理：

①中耕除草。定植后 5～7 天，应开始中耕，蹲苗，在第一果坐住之前，一般中耕 2～3 次，第一次要浅，第二次要深，可达 10 厘米左右，第三次又浅，有条件的这时可浇一次催果水，保持土壤见干见湿状态。

②追肥。每采收一次追肥一次，每次追施硫酸钾复合肥 15 千克。

③植株调整。

a. 支架子　一般在蹲苗结束前后搭架，采用人字形或花架形架，架高 1.5 米左右。

b. 整枝　番茄整枝方式依栽培方式、品种和栽植密度而异，具体有以下几种方式。

早熟自封顶品种：自封顶品种 2～3 蕾果封顶，多采用单干整枝、双干整枝和一干半整枝法。

中晚熟不封顶品种：也有单干、一干半和双干整枝法，但为提高前期产量和总产量，多采用单干整枝法和换头整枝。

c. 保果和疏花：根据地力和植株长势，每留健壮果 3～4 个。

（6）病虫害防治：

①病虫害防治原则。按照"预防为主，综合防治"的植保方针，坚持"以农业防治、物理防治、生物防治为主，化学防治为辅"的无害化控制。

②农业防治。一是选用抗病品种；二是适期播种；三是合理轮作；四是加强管理；五是拔除病销毁病株。

③物理防治。覆盖银灰色地膜驱避蚜虫，利用高压灯、黑光灯、性诱剂诱杀虫。

④生物防治。天敌：积极保护利用天敌，防治病虫害。

⑤主要病虫害药剂防治：以生物药剂为主。使用药剂防治时严格按照 GB 4285 农药安全使用标准、GB/T 8321（所有部分）农药合理使用准则规定执行。

a. 早疫病：用 75％达科宁或 70％代森锰锌可湿性粉剂，亩用量 140 克，视病情隔 7～10 天喷 1 次，交替使用 2 次，效果较好。

b. 根腐疫病：用 80％乙磷铝 200 克/亩灌根，喷淋全株，然后培土，促发不定根。

c. 棉铃虫：用苏维士可湿性粉剂，亩用量 40 克，视虫情隔 7～10 天喷施 1 次，连喷 2 次，在虫蛀果前全部消灭。

（7）采收：及时分批采收，减轻植株负担，以确保高位果断品质，促进后期果实膨大。

（8）清洁田园：将根茬败叶和杂草地膜清理干净，集中进行无害化处理，保持田间清洁。

第十三节　无公害甜椒生产操作规程与施肥方案

根据无公害食品甜椒生产技术规程（NY 5005—2001）制定本生产操作规程，适用于汾西县无公害蔬菜基地内甜椒的无公害生产。

1. 范围

本标准规定了甜椒的产地环境要求和生产管理措施。

本标准适用于无公害甜椒的生产。

2. 标准的引用

CB 4285　农药安全使用标准

GB/T 8321　（所有部分）农药合理使用准则

NY 5010　无公害食品蔬菜产地环境条件

3. 产地环境　应符合 NY 5010 规定，选择地势高燥，排灌方便。土层深厚，疏松，肥沃的地块。

4. 生产技术管理

（1）露地土壤肥力等级的划分：根据露地土壤中的有机质、全氮、碱解氮、有效磷、速效钾、缓效钾等含量高低而划分的土壤肥力等级。具体等级指标见表 3 - 2、表 3 - 3。

（2）栽培季节与品种选择：

①栽培季节。3月下旬至4月中旬，利用阳畦或大棚播种育苗，5月上、中旬晚霜过后铺地膜定植，7月上旬至9月下旬采收。

②品种选择。宜选用抗病、耐热、优质、丰产的品种，目前生产上常用的优良品种有中椒4号、中椒7号、农大40、乐丰9号等。

（3）育苗：

①育苗。设施大棚或日光温室。

②播期。3月下旬至4月中旬。

③种子处理。亩用量75克左右，为培育壮苗，播种前应进行种子处理。将种子入55℃温水中不断搅拌，保持55℃水温10～15分钟，倒入少许凉水，使水温降到30℃再继续种12小时，然后催芽，2～3天后大部分种子露白时，即可播种。

④苗床准备。及时清除前茬作物的残枝枯叶，深翻作苗床，一般宽1～1.5米，长度以地形需要设定，每亩苗床面积为20～30平方米。

⑤播种方法。播种时选择晴天，浇足底水，床面停水12～15厘米为宜，水渗后洒一层0.3～0.4厘米药土，将催芽种子均匀播于床面，然后覆0.8～1厘米厚的床土，盖塑料薄膜增温、保温。

⑥苗期管理。

a. 温湿度管理：播种后白天气温保持25～28℃，苗子出土后白天保持20～25℃，夜间15～18℃，定植前7～10天进行练苗，白天保持18～20℃，夜间10～12℃，以增强幼苗抗寒力和抗逆性，苗床一般不浇水，若遇干旱浇小水。

b. 间苗或分苗：为避免幼苗拥挤，应及时间苗，一般齐苗时进行第一次间苗，有条件的地方在幼苗3～4片叶时，以9～10厘米株距进行分苗。

⑦壮苗标准。株高20厘米左右，茎粗0.4～0.5厘米，9～12片叶，生长均匀整齐，70%～80%植株现蕾，子叶肥大完好，叶片大而厚实，叶色深绿有光泽，根系发达，无病虫害。

（4）定植：

①整地施肥。禁止使用未经国家和省级农业部门登记的化学或生物肥料，禁止使用硝态氮肥，禁止内使用城县垃圾、污泥、工业废渣。结合翻地，每亩施入优质腐熟有机肥5 000千克，碳酸氢铵40千克，过磷酸钙50千克，硫酸钾20千克，其中有机肥2/3撒肥，余量和化肥一同沟施。

②铺地膜。播种前7天左右，将土地耙平，然后平地铺膜，膜间距60厘米，

③定植期。晚霜过后地温稳定在10℃以上，一般为5月上中旬。

④定植方法。甜椒一般采用地膜覆盖小高垄宽窄行种植，垄高10～12厘米，宽行70厘米，窄行50厘米，株距25厘米，单株种植，定植时先开穴放苗，然后浇水，水渗下后覆土。

（5）田间管理：

①实收前管理。定植初期地温尚低，为促进早发苗，定植缓苗后及时中耕1次，适度轻蹲苗，时间一般为10～15天，门椒坐果是追肥催果催秧肥，保证植株的需要，一般亩施尿素15～20千克。

②始收到盛果期管理：此期间主要是促秧效果，保持营养平衡关系，争取在炎热高温季节来临前早封垄断关键时期，生产上要争取获得健壮株态，以获高产，门椒采收后（门椒要早收）最好能浇 1 次水，并随水追肥尿素 15 千克，并及时中耕 1 次。

③高温多雨季管理：7 月、8 月份的炎夏季节，进行 1 次追肥，亩施尿素 15 千克。

④秋季管理：进入 8 月、9 月份，进行追肥尿素 15 千克，同时遇干旱浇水 1 次。

（6）病虫害防治：

①病虫害防治原则。按照"预防为主，综合防治"的植保方针，坚持"以农业防治，物理防治、生物防治为主、化学防治为辅"的无害化控制原则。

②农业防治：一是选用抗病品种；二是适期播种；三是合理轮作；四是加强和管理；五是拔除并销毁病株。

③物理防治。覆盖银灰色地膜驱避蚜虫，利用频振杀虫灯、性诱剂诱杀成虫。

④生物防治。

a. 天敌：积极保护利用天敌，防治病虫害。

b. 生物药剂：采用生物药剂苏维士防治棉铃虫。

⑤化学防治。使用药剂防治时严格按照 GB 4285 农药安全使用标准、GB/T 8321（所有部分）农药合理使用准则规定执行。

a. 疫病：用 80％乙磷铝 200 克/亩灌根，7～10 天 1 次，连用 2 次。

b. 病毒病：发病初期可用 20％病毒 A 可湿性粉剂 50 克/亩，喷雾防治，7～10 天 1 次，连用 2 次。

c. 棉铃虫：用苏维士可湿性粉剂 40 克/亩喷雾，7 天左右 1 次，连用 2 次。

（7）采收：甜椒采收的商品成熟度指标较宽，一般花后 25～30 天即可采收嫩果，门椒，对门椒宜早采收，对于长势弱的植株宜早收；长势较晚的宜晚收，轻收，甚至根据市场需要，花后 40～45 天视老龄果甚至红果均可上市，以调节营养生长和生殖生长平衡关系，以利正常开花结果，缓和采收量的波动幅度。

（8）清洁田园：将根茬败叶和杂草地膜清理干净，集中进行无害化处理，保持田间清洁。

图书在版编目（CIP）数据

汾西县耕地地力评价与利用 / 张藕珠主编 . —北京：
中国农业出版社，2017.3
　ISBN　978-7-109-22637-1

　Ⅰ.①汾…　Ⅱ.①张…　Ⅲ.①耕作土壤－土壤肥力－
土壤调查－汾西县②耕作土壤－土壤评价－汾西县　Ⅳ.
①S159.256.4②S158.2

　中国版本图书馆 CIP 数据核字（2017）第 009345 号

中国农业出版社出版
（北京市朝阳区麦子店街 18 号楼）
（邮政编码 100125）
责任编辑　杨桂华

中国农业出版社印刷厂印刷　新华书店北京发行所发行
2017 年 3 月第 1 版　2017 年 3 月北京第 1 次印刷

开本：787mm×1092mm 1/16　印张：8.5　插页：1
字数：220 千字
定价：80.00 元
（凡本版图书出现印刷、装订错误，请向出版社发行部调换）